果园以草防草新技术——鼠茅草种植现场观摩活动

杨梅山地大棚促成
栽培现场观摩活动

浙西南山区适栽猕猴
桃品种现场观摩活动

葡萄高接换种及配套栽培技术现场观摩活动

果园以草防草暨大棚模式现场观摩活动

杨梅高大树冠矮化改良技术现场观摩活动

果树应对灾害性天气关键技术观摩研讨活动

果园以草防草暨桃形李避雨栽培现场观摩活动

团队专家为景宁县金钟雪梨产业发展出谋划策

2019年丽水市十佳猕猴桃评比

2020 年丽水市猕猴桃优良单株评选

2020 年丽水市十佳杨梅评选

团队首席专家、浙江大学博士生导师、国家现代农业（柑橘）产业技术体系岗位科学家李红叶教授在庆元县指导柑橘病虫害精准防控（左 2 李红叶）

团队农技推广首席专家周晓音研究员在庆元县指导甜橘柚修剪技术（右 3 周晓音）

团队农技推广首席专家周晓音研究员在龙泉市刘建伟家庭农场水果基地指导（右 3 周晓音）

浙江省农业厅种植业管理局副局长徐云焕、浙江省农业技术推广中心果蔬技术科科长孙钧、国家现代农业（梨）产业技术体系岗位科学家施泽彬到云和县苏坑村雪梨基地指导（左 1 孙钧，左 2 徐云焕，左 3 施泽彬）

浙江省柑橘研究所研究员、国家现代农业（柑橘）产业技术体系岗位科学家徐建国在龙泉市阳光农业有限公司柑橘基地指导（左 5 徐建国）

浙江省及丽水市水果产业技术创新与推广服务团队专家在龙泉市城北乡猕猴桃基地指导（左 3 宗四弟，左 4 徐云焕，右 3 周晓音，右 4 孙钧，右 5 谢鸣，右 6 张国平）

丽水市农业产业技术创新与推广服务团队——水果产业篇

山区特色水果
高质高效栽培技术

吴建峰　邹秀琴　吴宝玉　主编

中国农业出版社
农村读物出版社
北　京

图书在版编目（CIP）数据

山区特色水果高质高效栽培技术 / 吴建峰，邹秀琴，吴宝玉主编 . —北京：中国农业出版社，2022.6
ISBN 978 - 7 - 109 - 29734 - 0

Ⅰ.①山… Ⅱ.①吴… ②邹… ③吴… Ⅲ.①果树园艺 Ⅳ.①S66

中国版本图书馆 CIP 数据核字（2022）第 123636 号

中国农业出版社出版
地址：北京市朝阳区麦子店街 18 号楼
邮编：100125
责任编辑：黄　宇　王黎黎　张　利
版式设计：王　晨　　责任校对：沙凯霖
印刷：北京通州皇家印刷厂
版次：2022 年 6 月第 1 版
印次：2022 年 6 月北京第 1 次印刷
发行：新华书店北京发行所
开本：880mm×1230mm　1/32
印张：6.5　　插页：4
字数：180 千字
定价：80.00 元

《山区特色水果高质高效栽培技术》

编　委　会

主　　编　吴建峰　邹秀琴　吴宝玉

副主编　张　靓　叶发宝　王梦萍

编写人员（按姓氏笔画为序）

王英珍　王梦萍　叶小林　叶发宝

付　兵　朱文佩　刘　莉　刘小亮

纪国胜　吴宝玉　吴建峰　邹秀琴

张　靓　张敬斐　武文俊　周晓音

练美林　殷玲威　莫钦勇　黄鸿鑫

程泽敏　温兴趣　雷　燕　鲍金平

前　言

　　浙江省丽水市水果产业技术创新与推广服务团队成立于2018年3月，是浙江省丽水市人民政府重点扶持和培育的农业产业团队之一，团队现有成员25人，聘请国家现代农业（柑橘）产业技术体系岗位科学家、浙江大学李红叶教授为首席专家，丽水市水果产业技术创新团队领衔者、丽水市经济作物总站周晓音推广研究员为农技推广首席专家，成员由丽水学院、丽水职业技术学院、丽水市农林科学研究院水果专家和各县（市、区）水果业务技术骨干、水果生产主体技术负责人组成。

　　团队成立4年来，以科学发展观为指导，以科技项目为抓手，着力解决、及时解决水果产业发展中的新问题、细节问题和技术难题，不使生产上的小问题积累成为产业发展中的大问题，引导和促进水果产业持续、健康、平稳发展，培养了一批产业技术新人和懂技术会经营的新型高素质农民，形成了有团队精神、学术氛围、技术创新、互助互促、接地气的技术创新与示范推广新模式，具有凝聚力、创新力和高活跃度的技术团队，创建了一批可学、可看、可推广的科技示范基地，服务于当地、切实解决生产实际问题，对全市水果产业提质增效、乡村产业振兴及山

山区特色水果高质高效栽培技术

区农民增收致富具有重要的推动和引领作用。2018 年团队获"浙江省十大农业产业技术团队"称号，2019—2021 年连续 3 年获丽水市农业产业技术创新与推广服务团队综合评价"优秀"团队。

团队在生产中发现问题、解决问题，积极开展水果新品种、新技术、新模式的试验示范与推广应用并组织高品质水果生产技术培训，共举办高品质水果生产技术和品牌培育等培训班 36 期，培训农户和农技人员 2 000 余人次。开展了果园以草防草、杨梅山地大棚促成栽培、浙西南山区适栽猕猴桃品种栽培、葡萄不减产不减收增效益高接换种、果树应对灾害性天气、杨梅高大树冠矮化改良等技术观摩研讨活动 9 期，以示范现场展示推广技术成果。

团队积极推动精品水果基地建设和产业化发展，组织制订、实施《甜橘柚生产技术规程》《猕猴桃避雨栽培技术规程》《硬质桃生产技术规程》和《杨梅绿色食品生产技术规程》等市级地方标准，推动水果产业标准化生产；组织开展"精品果园"创建活动，建成省级精品果园示范基地 18 个；组织实施产业提升技术集成和推广应用项目 27 个；《杨梅产业提升综合技术应用与推广》项目获浙江省农业丰收奖一等奖，《枇杷提质增效栽培生产技术应用与推广》《猕猴桃高效栽培综合技术示范与推广》等 3 个项目获丽水市农业丰收奖一等奖，推动了全市水果产业化发展。团队成员吴建峰荣获2020 年度浙江省农业技术推广贡献奖、龙泉市十佳科技工作者；鲍金平荣获 2019 年度浙江省农业技术推广贡献奖、遂昌县中青年专业技术拔尖人才；邹秀琴荣获丽水市"创新引领"工作突出贡献个人；傅陈波荣获2018年丽水市乡村振兴丽水先行十大贡献人物等。

团队以振兴丽水水果产业为己任，以技术创新与推广服务为宗旨，充分发挥团队专家"智库"作用，加快果业生产技术研究和推广，实用技术试验示范，加强培训观摩和品牌营销，促进产业提质增效，使水果产业成为丽水山区精准扶贫和乡村振兴的支柱产业。为推动"特色、精品、生态"果业发展，编者将近年来丽水市水果创新团队组织实施的技术试验、示范项目和创建精品果园的技术措施进行整理、提炼，编写形成了本书。希望本书的出版发行，能给各地水果产业的发展起借鉴作用。

在本书编写过程中，团队农技推广首席专家周晓音研究员作了大量的指导和编校工作，倾注了极大心血，同时，得到了浙江省丽水市农业农村局、丽水市各县（市、区）农业农村局水果技术人员和广大水果生产主体的大力支持，在此致以谢意！由于作者学识水平有限，书中不足之处在所难免，敬请广大读者批评指正。

编者

2022年1月

Contents 目录

1

精 品 果 园 篇

地 标 产 品 篇

栽培技术篇

云和雪梨品质提升关键技术

一、技术背景

云和雪梨是云和县的传统特色名果，至今已有560多年栽培历史，中国果品流通协会授予"中华名果"称号，2016年通过了国家农产品地理标志产品认证。近年来，云和县不断挖掘这一地方名果，在元和街道苏坑村建成66.7 hm² 雪梨示范基地。全县雪梨种植面积达800 hm²，年产量4 550 t，年产值4 880万元，已成为当地农民脱贫奔小康的"致富果"。然而，云和雪梨配套栽培技术还不够完善，尤其是梨农不注重授粉品种的选择、鸟类和病虫为害、套袋技术不够完善等，导致产量和品质不稳定。为此，云和县经济作物站在云和县元和街道苏坑村开展了云和雪梨品质提升关键技术研究，创建云和雪梨优质高效栽培示范基地，集成云和雪梨品质提升关键技术措施。

图1-1　云和雪梨（细花雪梨）

二、项目概况

项目来源：浙江省农业厅关于印发《浙江省水果、茶叶、蚕桑、中药材、花卉产业技术项目实施方案（2018—2020 年）》的通知（浙农科发〔2018〕13 号）

承担单位：云和县经济作物管理站、云和县元和街道苏坑村股份经济合作社

实施地点：云和县元和街道苏坑村

实施时间：2018 年 6 月至 2020 年 6 月

建设内容：云和雪梨品质提升关键技术试验示范

三、技术要点

（一）人工授粉技术

云和雪梨花期普遍较早，花期相遇的授粉品种少。雪梨的花粉直感强，授粉品种和授粉方式直接影响云和雪梨的坐果率、果实外观及内在品质。

图 1-2　人工授粉

1. 花粉选择 梨是花粉直感现象明显的果树，不同品种的花粉对云和雪梨的坐果率、外观及内质有不同的影响。目前，云和雪梨授粉以混合型花粉为主，造成果实品质缺乏一致性。项目开展了10多个品种的授粉试验，各品种的花序坐果率均达80%以上，花朵脱萼率以'翠玉'最高55.2%，'豆梨'次之47.2%，'初夏绿''翠冠''新玉'和'雪花'在35%左右，其他品种低于25%。授粉果实外观和口感品质以'翠冠''翠玉''豆梨'等品种较好。因此，综合授粉品种花期、果实品质等因素，云和雪梨适宜授粉品种首选为'豆梨'，其次是'翠冠''翠玉'和'砀山酥梨'。

2. 授粉工具 采用自制绒毛刷授粉。选用绒毛较细的鸡毛或鸭毛，用铁丝扎成 2～4 cm 大小的球团并固定在小竹竿顶部备用。同时用干净的矿泉水瓶，在中上部一侧开一个 5～7 cm 大小的口子，制成装花粉的容器备用。

3. 授粉时间 一般在 3 月中下旬，选择无雨、无风或微风天气，上午 8 时至下午 4 时进行人工授粉，在初花期至盛花期授粉3 次。

4. 授粉方法 授粉前一天将花粉从冷冻设备中取出放置在常温处，使用时将花粉与填充剂按 1∶1 调匀，装入事先准备好的容器中。用自制绒毛刷蘸上花粉，选择花序上第 2～4 位 1～2 天内开放的花进行点授，一次蘸花粉可授 5～10 朵。因云和雪梨果个大、成熟迟，易受台风影响，授粉时应选择树冠中下部靠近梨树主干、生长发育良好的花进行点授，根据树体大小，一般每株点授 100～300 朵花。

（二）果实套袋技术

云和雪梨果实生长期长，相比其他梨品种更易遭受蜂和鸟的为害。试验表明，果实套袋可以显著提高云和雪梨的外观品质。

1. 套袋时间 一般在 5 月中下旬进行。

2. 果袋选择 云和雪梨果型较大，单果质量 750～1 000 g，在树上挂果时间长，对果袋要求较高，通过试验研究，以选用外黄内

图1-3 果实套袋

白22 cm×27.5 cm的双层纸袋为好，其中外层纸为40～50 g双面涂蜡的木桨黄色纸，内层纸为30～35 g的涂蜡白色纸。

3. 套袋方法 以疏果后叶果比（30～50）：1的留果量进行套袋，套袋前先做好病虫害防治，药后5 d未套完的需补喷。药剂干后方可套袋，用手指撑开果袋，把果实套在袋子中间，袋口要扎紧扎牢。

（三）配套栽培技术

1. 合理疏果 云和雪梨生理落果较重，疏果分两次进行，第一次在4月中下旬，果实拇指大小时进行，按叶果比（20～25）：1进行疏果。第二次在5月初，按叶果比（30～50）：1进行疏果。疏果时选留无病虫害、花萼脱落、果形圆正的幼果，合理布局挂果密度。一般每花序留1果，留花序中第2～4位果柄侧斜生、果面完好的大果，直立、下垂和多余的果全部疏除。坐果率较低的树，健壮花序可留 2 个果。

2. 科学施肥 结果树年施肥 3～4 次，于萌芽前（2 月下旬至 3 月中旬）、幼果膨大期（7 月上旬至 8 月中旬）和采果后 10 d 内进行追肥，基肥 10 月中下旬至 11 月上旬施入。施肥以有机肥为主，化肥为辅，每生产 50 kg 果需有机肥（猪、鸡、牛粪等）50 kg 以上，纯氮 0.4 kg、磷 0.3 kg、钾 0.4 kg，具体施肥量根据树龄、树势而定。同时，根据营养需求及时追施硼、钙、镁、锌等中微量元素肥料。

3. 病虫防控 农业防治、物理防治和化学防治相结合。冬季修剪后，全园喷布 5 波美度石硫合剂进行清园，减少病虫基数，并在春季萌芽前再喷一次 3 波美度石硫合剂。生长期重点做好梨黑斑病、黑星病、褐斑病、锈病等容易引起早期落叶的病害防治，保持叶片健康生长，提高花芽分化质量和树体营养水平。

4. 完熟采摘 云和雪梨未完全成熟时单宁含量较高，过早采收直接影响果实品质，以种子开始变色出现花籽时采收为宜，贮藏果适当早采，粗花雪梨和细花雪梨采收时间为 9 月中下旬，真香梨采收时间为 8 月底至 9 月上旬，因海拔不同而有所差异。

四、应用成效

通过项目实施，开展了云和雪梨人工授粉、果实套袋等品质提升关键技术的试验研究，初步掌握了云和雪梨适宜的授粉品种、人工授粉方式及果袋选择等关键栽培技术，并在云和县元和街道苏坑村建成云和雪梨优质高效栽培示范基地 3.33 hm²。示范基地每 667 m² 产量控制在 1000 kg 左右，优质果率达 80% 以上，每 667 m² 产值达 1.5 万元以上。同时，在关键技术环节和成果展现时，举办现场培训观摩会 3 期，受益农技员、梨农达 166 人次，发放技术资料 300 余份，促进了云和雪梨优质高效栽培技术的推广应用。

山地梨园抗风设施栽培技术

一、技术背景

丽水是浙江省主要梨产地之一，全市梨种植面积约 3 266.7 hm^2，是丽水市第四大水果，主栽品种有'翠冠''云和雪梨'等。由于丽水靠近沿海地区，且大多数梨园位于海拔较高的山地，地形风大，8～9 月正值台风季，每年在 6 月初至 9 月果实即将成熟时经常遭受大风危害，导致枝条折断、果实掉落，给梨农造成了极大的损失。因此，如何在梨树成熟季节防止大风危害成为关键的技术要点，比较常见的做法是通过搭建防风棚架固定枝条来减少落果。近年来，国内有一些关于平地梨园棚架搭建技术，但丽水市大多数梨园位于山地，坡度较大，树形不规范，常规的平棚架并不适用。为减轻山地梨园风害，探索研究适合山地梨园的抗风棚架搭建方式和栽培管理技术，丽水职业技术学院在莲都区紫金街道水岭根村大水平头梨基地开展了抗风栽培模式试验，并研究了与之配套的整形修剪、土肥水管理、病虫害防治等技术措施，集成山地梨园抗风栽培的关键技术。

二、项目概况

项目来源：《浙江省农业农村厅关于印发 2020 年果品等五个产业技术项目实施方案的通知》（浙农科发〔2020〕6 号）

承担单位：丽水职业技术学院、莲都区绿果家庭农场

实施地点：莲都区紫金街道水岭根村大水平头

实施时间：2020 年 1 月至 2021 年 12 月

建设内容：山地梨园抗风设施及配套栽培技术试验与示范

三、技术要点

（一）防风棚架搭建及覆盖模式

针对'翠冠梨'成熟期易遭受大风危害导致落果率高的问题，结合山地地形和气候特点，搭建顺坡单斜面式防风棚架。该棚架包含立柱、横杠、纵拉杆等部件，棚架主体框架为轻钢结构，采用优质热镀锌钢管。具体参数如下：沿梯台靠内侧间隔 3 m 设置立柱，高 4.3 m；距梯台平面 2.8 m 横向设置横杆连接立柱，纵向设置拉杆，连接立柱与横杆，构成第一层斜面；立柱顶部分别设置纵横拉杆构成第二层斜面，顶部横杆间距 4.5 m，纵拉杆间距 2.6 m。上述两层斜面均与坡地平行，并横向每隔 40 cm 拉设经纬线，分别用于绑缚枝条和支撑网面。立柱、横杆和纵拉杆通过焊接方式连接，

图 2-1 防风棚骨架

立柱所用方钢尺寸为 8 cm×4 cm，横杆和纵拉杆所用方钢尺寸为 5.5 cm×4 cm。网面材料选用绿色编织防风网，网孔 0.5 cm× 0.5 cm，棚架顶部及四周均全面覆盖。

冬季修剪时对主要骨干枝进行绑缚，固定在经纬线上，并在 6 月初覆盖防风网，可显著降低网内风速，改善棚内温湿度环境；由于防风网具有遮光作用，应在采果后及时揭网，以防止枝条徒长。

图 2-2　棚架外形

（二）配套栽培管理技术

1. 土肥水管理技术　通过科学的土肥水管理培育健壮树势，以减少落果的发生。主要做法是采取秋施基肥、生长期土壤追肥和叶面追肥相结合的方式，改良土壤，补充梨树生长发育所需的养分。于 11 月初垂直于山地梯面在树冠滴水线附近开深 30 cm 条沟，每株施商品有机肥 5 kg，并将当年割下来的草进行翻压，增加土壤有机质含量，提高土壤肥力。3 月初萌芽前，每株沟施高氮低磷低钾复合肥 0.3 kg，以促进萌芽和叶面积快速扩大。5 月中旬果实膨大期每株沟施低氮高钾复合肥 0.5 kg、钙镁磷肥 0.1 kg，主要补充钾、磷、钙、镁等元素，以促进果实快速膨大，减少裂果。6 月初继续喷施 0.3％的磷酸二氢钾、中微量元素叶面肥，以促进果实糖分转运。梅雨季节结束后，用割草机对果园地面杂草进行刈割，并覆盖在梨树树盘周围，减少因 7～8 月份高温导致的土温过高和水分蒸发过快。

2. 整形修剪技术　冬季修剪和夏季修剪相结合。冬季修剪应纠正"平头"修剪模式，主要采用回缩修剪对衰弱枝进行更新复壮，采用弱枝带头的方式将过高的主枝回缩至合理位置，将树高控制在 2.5～3.0 m，促进中下部发枝；适当减少大枝数量，合理开张骨干枝角度，降低树高，形成外稀里密、上疏下密、里外透光的良好结构；疏除竞争枝、病虫枝、徒长枝和过多的花芽，修剪以后做到主次分明，并将主要结果枝条绑缚在经纬线上；春季萌芽后进行抹芽，抹除位置不当、发育不良的芽；果实快速膨大期进行新梢摘心处理，可有效改善树体通风透光条件，抑制枝梢旺长，集中养分向果实供应。

图 2-3　枝条绑扎固定

3. 绿色防控技术　重点做好冬季清园工作，修剪后及时清理枯枝落叶集中粉碎深埋，彻底刮除老翘皮和病疤，然后在树体和地面喷施 5 波美度石硫合剂，集中杀灭越冬病菌，翌年 3 月初可再喷 1 次。

梨小食心虫的生物防治最佳时期为春季越冬代梨小食心虫成虫羽化前。在梨树萌芽前悬挂"迷向丝"防治梨小食心虫，可有效干扰雌雄蛾的交配，减少虫口密度。每 667 m² 悬挂 45～60 根，悬挂高度约 1.8 m，尽量选择梨树东北角方向的枝条悬挂，以避免太阳直射。同时可安装诱捕器检测成虫数量，如初期防治效果不佳，应及时补挂，每 667 m² 20～30 根。应注意悬挂面积至少 6 670 m² 以上，20 010 m² 以上成片悬挂效果

图 2-4　迷向丝

图 2-5　梨小食心虫诱捕器

更佳,若周围均同样是种植梨树的散户,建议联合集中使用,可达到最佳效果。于 4 月初坐果后在棚内悬挂黄板和蓝板,有效防治蚜虫、梨茎蜂、绿盲蝽、果蝇等害虫,同时避开对蜜蜂等有益昆虫的危害。

四、应用成效

项目建设防风棚架 2 000 m²,于 2021 年 6 月初搭设防风网,7 月底果实采摘后揭网,结合整形修剪、枝条绑缚、土壤改良、绿色防控等技术措施,取得了良好效果。通过多点风速测定、落果率调查等试验,结果表明观测期内,防风网内最大风速降低了60.55%,落果率降低14.24%,果实内在品质与棚外无显著性差异。相较于露天地块,每 667 m² 产量增加约 200 kg,增收约 1 200 元。

枇杷新品种引进及大棚促成栽培技术

一、技术背景

枇杷是丽水市莲都区最具优势特色的水果品种，全区现有枇杷面积 566.7 hm²，产量 0.2 万 t，产值 0.38 亿元，是浙江省枇杷重点产区。丽水枇杷品质优异，曾荣获全国十大优质枇杷，是国家农产品地理标志保护产品，产业效益逐年提升。然而，丽水枇杷品种结构需进一步优化调整，同时枇杷幼果容易遭受冬季低温冻害，果实成熟期的高温多雨天气，易发生裂果、日灼，导致枇杷产量和果实品质的不稳定。生产上，采用大棚设施栽培的方法可解决冻害、裂果、日灼等难题，但国内果树大棚没有固定标准，基本采用国标或省标的蔬菜大棚标准建设。2016 年，丽水市毛弄井家庭农场在莲都区碧湖镇古井村建成省标设施栽培枇杷基地 0.67 hm²，但经多年的栽培实践证明，此设施大棚存在高温期闷热、低温季保温效果差等问题，其结构不能满足枇杷设施促成栽培生产的要求，急需进行改造提升。为此，2018—2020 年莲都区农业特色产业发展中心开展了枇杷新品种引进、设施大棚改造和大棚促成栽培技术试验研究，以期较好地解决枇杷冻害等一系列问题，促进提早成熟上市，提高果实品质，实现农民增收，推动全区枇杷产业进一步提升。

二、项目概况

项目来源：浙江省农业厅关于印发《浙江省水果、茶叶、蚕桑、中药材、花卉产业技术项目实施方案（2018—2020 年）》的通

知（浙农科发〔2018〕13号）

承担单位： 莲都区农业特色产业发展中心、丽水市毛弄井家庭农场

实施地点： 莲都区碧湖镇古井村沙岸岗

实施时间： 2018年6月至2020年6月

建设内容： 枇杷新品种引进、设施大棚改造及大棚促成栽培技术示范

三、技术要点

（一）品种选择

'贵妃'枇杷为优质大果晚熟白肉枇杷新品种，2016年项目基地从福建引进，应用大棚设施促成栽培技术进行试种，结果表明，'贵妃'枇杷生长势强、病虫害少，具有果个大、风味佳、外观美等诸多特点，平均单果质量65.5 g，可溶性固形物含量13.5%。精品果销售以个数为单位，10元/个，效益十分显著。可作为浙江

图3-1 贵妃枇杷

省枇杷大棚设施促成栽培的推广品种。

（二）大棚管理

图3-2　双侧双卷膜全天窗钢架大棚

1. 温度、光照调控技术　传统大棚的顶膜是单卷膜,只能往上卷1.5 m左右。改造后的大棚,顶膜是双卷膜,下膜往中间卷,中膜往顶上卷,打开后全天窗,提高了棚内透光保温能力。同时,通风处拉大孔网,可防鸟害,但蜜蜂可通过。使用时,冬季覆膜保温,生产季节避雨控水,上卷膜可实现快速通风降温,减少了果实日灼的发生率。其他时节大棚完全打开,提供自然环境,可有效改善棚内枇杷生长环境,解决了大棚内土壤反盐现象,提高棚内光照条件,缓解棚内枇杷枝条徒长现象。与传统大棚相比较,枇杷树势更加健壮,病虫害发生率显著降低。

2. 保温、增温防冻技术　冬季晴天上卷膜开1/3保持气体流通,下卷膜封闭,棚内温度较室外高出1 ℃。极端低温天气,上下卷膜封闭,保温,白天棚内温度较棚外高5~6 ℃,夜间最低温时

图 3-3　温室大棚环境监测

段，棚内温度比棚外高 2～3 ℃。在枇杷幼果期若遇低温天气，可用燃油暖风机增温，每 667 m² 大棚安装一台 LGY-50A 燃油暖风机，间歇性开启将棚内温度加温到不低于－2 ℃，防止冻害发生。

（三）配套技术

1. 矮化修剪　9～10 月对树冠过高、结果部位外移的树，通过锯大枝更新修剪，降低树冠高度，更新以回缩短截为主，每次修剪量不超过全树的 1/3。6 月对采果后的结果枝进行短截或疏除，疏除过密枝、交叉枝、衰弱枝、下垂枝。通过更新修剪，培养强壮结果枝，保持树体通风透光，防止树冠郁闭，达到增强树势，提高果实品质的目的。

2. 疏花疏果　棚内疏果宜疏除第三批花及部分第二批花果，保留第一批、第二批花果。10～11 月进行疏穗，通常一主两侧都结果的要疏去一个侧枝果穗，保留一主一侧结果。2～3 月进行疏果，每穗保留 2～4 个果，大果型保留 2～3 果，小果型保留 4 果，疏果时疏去过小果、病果、畸形果、过多过密果。

图 3-4　疏果后挂果情况

3. 肥水管理　看树施肥。年施肥 2～4 次，分春肥、壮果肥、采后肥和花前肥。春肥在春梢萌发前施，以速效肥为主，约占全年施肥量的 10% 左右，挂果少、春梢抽发多而旺的树可不施。壮果肥看树势强弱可少施或不施。采后肥在采果结束后及时施入，施复合肥加有机肥，占全年总施肥量的 50% 左右。花前肥在开花前施入，以有机肥为主，占全年施肥量的 30%～40%。

枇杷果实膨大期、着色期、成熟期，如遇水分供应过多，果实过度吸收水分，果肉细胞加速膨大，将外果皮纵向胀破，很容易造成裂果。因此，这一时期要特别注意水分调控。

4. 病虫害防控　冬季进行一次清园，清除枯枝落叶和病死花穗，清除修剪下来的枝叶，并集中处理。花蕾期和幼果期喷 80%大生 1 000 倍液＋2.5%吡虫啉可湿性粉剂 1 000 倍液，或 70%甲基硫菌灵可湿性粉剂 700 倍液＋20%杀灭菊酯乳油 4 000～5 000 倍液，防治叶斑病、花腐病、炭疽病和蓑蛾、蚜虫、梨小食心虫、木虱等。

四、应用成效

项目引进枇杷优新品种'贵妃'，成功改造全天窗设施大棚 0.36 hm²，其中'宁海白'枇杷 0.21 hm²、'贵妃'枇杷 0.15 hm²。开展了枇杷促早防冻设施栽培技术试验研究，冬季覆盖大棚膜，结合燃油暖风机，避免了枇杷冻害的发生，保证产量，并配套应用矮化栽培、疏花疏果、肥水管理、病虫害防控等枇杷设施栽培技术，提质增效。通过项目实施，枇杷成熟期提早 20 d 上市，果实外观、口感等品质得到明显提升，可溶性固形物含量达到 17.5%，最高销售价格 80 元/kg，平均售价 60 元/kg，示范基地每 667 m² 产值 5 万元以上，新增效益近 1 万元，经济效益显著。

枇杷优株选育及大树高接换种技术

一、技术背景

丽水市是浙江省枇杷生产老区，地方特色枇杷种质资源丰富，素有"浙江枇杷基因库"之称，2019 年枇杷面积约 864 hm^2。丽水地区热量丰富、雨量充沛、冬暖春早，生产的枇杷早熟、质优，品种以白沙类为主，占总面积的 60％以上。然而白沙类枇杷虽品质优良，但抗性弱，露地栽培极易出现冻害、裂果、紫斑、日灼等现象，产量和效益极不稳定。因此，以周晓音推广研究

图 4-1 枇杷优株调查

员为组长的丽水枇杷研究团队，坚持持续开展丽水本地红肉枇杷优良单株的选育工作，同时应用优株进行低效园高接换种的技术试验示范，期望通过红肉系列枇杷优株资源的收集、保存和评价，筛选和利用适宜当地种植的品质佳、抗性强、适宜轻简化生产和效益稳定的枇杷优株，同时示范推广枇杷大树高接换种技术，加快枇杷低效园更新改造，不断优化丽水枇杷品种结构，实现产业增效，农民增收。

二、项目概况

项目来源：《丽水市农业局关于下达丽水市农业产业技术创新与推广服务团队 2019 年度工作任务书的通知》（丽农发〔2019〕57 号）

承担单位：莲都区农业特色产业发展中心、莲都区南明山街道农业综合服务中心、丽水市原艺水果专业合作社、丽水市德军家庭农场

实施地点：南明山街道林村、水阁街道桐岭村、太平乡下㟥村

实施时间：2019 年 1 月至 2021 年 7 月

建设内容：丽水本地红肉枇杷优良单株选育，枇杷低效园高接换种技术试验示范

三、技术要点

（一）红肉枇杷优株筛选

1. 优株初步筛选　广泛发动枇杷果农，于 2012—2013 年枇杷果实成熟期间，在全市各地进行本地红肉优株"海选"，按成熟期分批对选送的本地红肉枇杷优良单株果实进行 2 年评价，同时结合优株特性，初步筛选了 9 个红肉系列枇杷优良单株，分别编号为1～9 号，并在莲都区紫金街道塔下村统一进行苗木培育。

2. 优株基地建设　2014—2015 年，在丽水市开发区南明山

街道林村建立 9 个红肉枇杷优良单株种植试验示范基地，9 个优株共栽种 211 株，其中 1 号 11 株、2 号 43 株、3 号 22 株、4 号 24 株、5 号 15 株、6 号 37 株、7 号 12 株、8 号 18 株、9 号 29 株，密度 4.5 m×5 m，面积 0.47 hm²。基地采用矮化栽培、翻耕除草、增施有机肥及病虫害绿色防控等适用技术，生产管理良好。

3. 综合性状评价　2017 年初投产后，于 2018—2020 年连续 3 年对筛选的优株进行多年定点观察，观察记载了 9 个优株的果实品质、产量、抗寒性、抗病性等性状，评价了各优株的商品性、结果性、稳产性、抗逆性和经济性。

（1）树体性状　9 号优株树势较弱，1 号、3 号、4 号、5 号和 7 号优株树势和抗性较强，2 号和 6 号优株树势和抗性强。优株果实成熟期在 5 月中旬，其中 7 号最早、3 号最迟，前后相差 6 d 左右。

（2）果实品质　9 个优株的果形、着色、单果重等均达中等以上，3 号、4 号、6 号、7 号和 9 号优株果实可溶性固形物含量 11.2%～12.5%，肉质、风味中等，1 号、2 号、5 号和 8 号优株果实可溶性固形物 12.0%～14.3%，整体风味佳。

4. 确定优选单株　经综合性状评价，1 号、2 号和 8 号优株树势强，果品品质优，裂果少，抗冻性较好，丰产、稳产，果实免套袋，适合粗放管理，具有推广利用价值。

图 4-2　1 号优株

图 4-3　2 号优株

图 4-4　3 号优株

图 4-5　4 号优株

图 4-6　5 号优株

图 4-7　6 号优株

图 4-8　7 号优株

图 4-9　8号优株

图 4-10　9号优株

（二）枇杷大树高接换种技术

选择丽水市开发区水阁街道桐岭村、莲都区太平乡下峃村两个典型的低效枇杷园进行大树高接换种，基地面积 0.67 hm²，品种为'宁海白''太平白'，树龄 6～7 年，嫁接后品种为本地红肉优株。

1. 嫁接时期　适期嫁接是高接换种成功的关键，一般在 2 月份树液开始流动前嫁接，此时嫁接伤口愈合快，成活率高。

2. 接穗准备　选择直径 1.0～1.5 cm 的一至二年生枝条作为接穗，接穗采下后立刻剪去叶片，用薄膜包裹或用湿沙储藏。接穗尽量做到随采随用。

3. 砧木选择　按嫁接树的枝干分布情况，在不同方位选择健

25

壮、成熟度高、直径 2～5 cm 的大枝作为中间砧木，砧木数量依树龄而定，六至七年生的树可接 6 个头。尽可能降低高接部位。

4. 嫁接方法 采用切接法。在砧木平整的一侧，稍带木质部垂直切开一个 4～5 cm 的切口；接穗留 1～2 个芽，将接穗一端削成 4～5 cm 的斜削面，另一面削 0.5～1 cm 45°的短削面，接穗长6～8 cm；接穗插入砧木切口，长削面与形成层对齐；露芽包扎，采用专用嫁接膜将砧木切口及接穗切口密闭包扎，严密绑缚，保湿防雨。

图 4 - 11　高位嫁接

5. 接后管理

（1）枝条处理　嫁接后，砧木剪除长势强的枝，留少量弱枝和不定芽作为"拔水枝"进行护树和遮阴防晒。砧木上抽生的萌芽每隔 20 cm 保留 1 芽并摘心，保护树干及大枝，其余萌芽 15 d 左右除萌 1 次。

（2）及时补接　嫁接后 15 d 左右检查接芽成活情况，发现接穗发黑的立即进行补接。

（3）树干涂白　嫁接后，在夏季高温来临前进行树干涂白，生石灰、石硫合剂、食盐和水的配比为 2.5∶0.25∶0.25∶7，加少量食用油配制。

（4）破膜挑芽　接芽萌发后，破膜时间不宜过早，若薄膜影响了芽的正常生长则及时解除，未影响芽生长的至 10 月份再行解除，解除后用竹竿固定新梢，防大风折断枝条撕裂接口。

（5）薄肥勤施，石硫合剂清园。

四、应用成效

1. 优选单株，加快枇杷种质资源的利用和品种结构调整　丽水本地枇杷种质资源对当地的气候环境具有天然适应性，开花迟、开花时间长，幼果受冻概率较低，抗裂果和抗病性较强。项目筛选的 1 号、2 号和 8 号优株，果实品质佳、抗性强、丰产稳产，适合轻简化生产，栽培容易，可作为本地红肉类枇杷的主要推广品种，提供了水果品种结构调整中的地方特色品种资源。

2. 枇杷大树高接换种一年嫁接完成，成活率高　大树高接改造基地原种植的白沙类枇杷抗性较弱，"三年两头冻"，产量低，平均每 667 m^2 产量 100 kg，产值仅 4 000 元左右。本项目应用大树高接换种技术，2020 年当年完成高接换种，成活率达 89%，更新了老果园的品种。2022 年初投产，预计每 667 m^2 产量 300 kg，产值 6 000 元，2023 年盛产后每 667 m^2 产量 500 kg 以上，产值将达 10 000 元以上。

3. 种质资源筛选利用可借鉴应用　丽水山地大量种植白沙类枇杷，效益不稳定，影响产业发展，本项目枇杷大树高接换种技术在改造低效果园、调整品种结构上可作借鉴并推广应用。丽水本地果树种质资源具有丰富的抗性和有价值的优良基因，相关技术可作为丽水猕猴桃、梨等种质资源筛选的参考，推进丽水地方良种资源的开发利用。

枇杷果实采后品质无损检测技术研究

一、技术背景

实际生产中，丽水乃至全国枇杷产区在枇杷成熟采收时间的判断及果品分级等环节主要依靠人工经验。枇杷果实的品质在采收前呈"爆发式"增长，可溶性固形物含量迅速增加，有机酸迅速减退，风味急剧提升，若凭个人经验采收可能造成早采1～3 d，果实品质将相差2～3个等级。极少量枇杷果实可采用数显糖度计或化学抽样检测进行测定，但这种检测耗时费力，果实破损无法销售，也无法满足采后快速、无损、大批量分级的需要。枇杷是果中珍品，果实易受机械损伤、不耐储运、不耐翻检，也难以进行机械化分拣分级。市场上，枇杷产品品质总体缺乏一致性，难以实现果品优质优价，既影响了产业的增效又影响农民增收。近年实验室应用近红外光谱技术进行了水果可溶性固形物含量的分析，但检测的果实个数也十分有限，且未考虑品种、种植模式、采集年份等对检测结果的影响，所建模型结果良好但通用性不强，很多仪器虽有较好性能，但价格昂贵或体积过大，不利于产业化推广。因此，针对枇杷果实采后缺少便携式、快速、无损分级的问题，2018—2021年，丽水市经济作物管理总站与浙江大学果树科学研究所、北京阳光亿事达科技有限公司等单位联合组成枇杷果实品质无损检测研究团队，以丽水市莲都区产的'宁海白''太平白'枇杷为研究对象，研究基于近红外光谱技术的枇杷果实采后品质无损检测技术，突破了TSS等品质指标智能快速检测的共性关键技术难题，构建了分级模型，研发设备，开展了枇杷果实品质快速无损分级应用示范，取得了较好的预期结果，对枇杷产品市场差异化、优质优价、果农增收具有重要深远意义。

二、项目概况

项目来源:《丽水市农业局关于下达丽水市农业产业技术创新与推广服务团队 2018 年度工作任务书的通知》(丽农发〔2018〕55 号)

承担单位: 丽水市经济作物管理总站、浙江大学果树科学研究所、北京阳光亿事达科技有限公司、丽水市丽白枇杷产销专业合作社、丽水市德军家庭农场

实施时间: 2018 年 3 月至 2021 年 7 月

建设内容: 构建枇杷果实光谱采集平台、建立品质快速检测模型、研发便携式快速无损检测仪器

图 5-1　研究团队部分成员合影

三、技术要点

(一) 设备研制

枇杷果实品质无损检测平台主要包括主机、户外遮光罩、RFID

29

射频卡、充电器等部件，具体性能
参数包括：光谱范围 600～950 nm，
光谱分辨率 3 nm，光源功率 20 W，
检测方式为漫透射，数据接口 USB
2.0、蓝牙传输，电源电压 12 V，尺
寸 199 mm×120 mm×50 mm。数
据可实时传输到手机 APP，支持二
次开发，支持 RFID 标签识别，即
通过在果树上悬挂射频卡，可直接
识别果树编码。

图 5 - 2　枇杷果实品质便携式快速
无损检测仪器（L205 型）

除基础硬件配置外，仪器还提
供两种扩展功能：①果园品质监测
数据可视化管理时，可使用专门开
发的手机 APP，测试时通过手机蓝
牙连接仪器，实时获取仪器测试数据以及地理位置信息，在地图上
生成可视化标签；②向用户提供蓝牙协议，用户可以通过自主二次
开发，将仪器检测数据和其自身大数据平台实时对接。

（二）样本准备与数据采集

以丽水主栽的'宁海白''太平白'枇杷为试材。为使采集到
的枇杷果实可溶性固形物（TSS）含量更具有代表性，试验分别采
集成熟度为七至九成熟的大棚内和大棚外种植的枇杷果实，果实无
机械损伤、无病虫害。以室内数据采集和户外现场数据采集及验证
相结合，使用自主研发的枇杷果实品质便携式快速无损检测仪器
（L205 型），在每个果实赤道位置对立面标注两个编号，第一颗 1、
2，第二颗 3、4，依此类推；用仪器探头轻贴枇杷果实，按编号依
次扫描，保存光谱数据；将每个枇杷果实依次对半切割，沿果核将
果实上、下端分别切除，挖出果核，将果肉放入无纺布过滤袋，使
用榨汁器将果肉榨汁倒入杯中，摇匀；将果汁倒入手持式数显折射
仪测实际 TSS 含量，记录数据，连同果实光谱数据导入电脑分析。

A   B

图 5-3　数据采集现场

A. 室内采集　B. 果园采集

（三）模型构建

采用偏最小二乘回归算法（PLSR）构建枇杷果实品质分级模

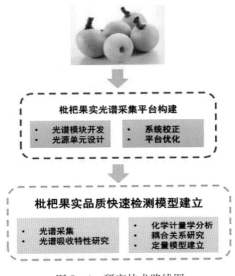

图 5-4　研究技术路线图

型，建立果实近红外光谱和 TSS 值之间的定量关系，建立了不同年度、不同栽培方式、不同品种、不同采收时间的枇杷果实 TSS 值的多种定量耦合模型。模型建立时主要采用 3 种样本选择的思路：

1. 样品选择 选择大棚和露地栽培的枇杷果园各点位的枇杷树，在枇杷树 4 个方位的内膛、外围、高中低等各位置进行取样，按照果实不同成熟度、表皮颜色选取较深、中等、较浅的样本，确保建模集的样本覆盖范围广泛；随后抽取其中的 90% 作为建模集，10% 作为校验集；使用 90% 的样品建模后，使用当批次的新建模型，测试剩余的 10% 样本。

2. 每天重复建模，并将所有批次的模型合并，在每日工作收尾阶段随机摘取 20 个果实，使用合并后的最新模型，利用 20 个果实验证合并后的模型效果。

3. 基于每天采集的果实，将其中一天的果作为建模集，另一天的果作为预测集，验证不同日期样品模型的预测效果。

模型结果的评价指标主要包括建模集相关系数 Rc、预测集相关系数 Rp、建模集均方根误差（RMSEC）和预测集均方根误差（RMSEP）。

四、结论及成果

1. 模型应用具有良好的通用性、适用性和鲁棒性 2018—2021 年，项目组采用近红外光谱技术，结合数据挖掘算法，分别采集了设施大棚与露地栽培的'宁海白''太平白'枇杷果实不同成熟期的近红外光谱数据和可溶性固形物（TSS）数据，建立光谱信号与枇杷果实 TSS 间的定量耦合模型。经实验研究，检测设备的稳定性、准确性不断改进，建成枇杷快速无损伤检测模型，且模型应用展示了良好的通用性、适用性和鲁棒性。

2. 检测平均误差低，达到理想效果 相较于以往大多数果实品质无损检测研究是在实验室条件下的小样本检测，本研究从果实挂果膨大开始至枇杷销售结束，连续开展采样工作，分别采用各类样本作为建模和预测集来建立近红外光谱模型，基本覆盖各品种枇杷生产全过程，实现了不同生产阶段的枇杷果实品质的快速无损检测。第一代仪器（L205 型）的检测平均误差为 0.6°Brix，效果理想，可以在树上或包装车间准确地以无损伤方式预测枇杷果实内部 TSS 值。本项目研究结果有望广泛用于枇杷生产技术指导和精品果的品控质检工作。

3. 示范应用与后续研发展望 2021 年第一代枇杷便携式果实品质快速无损检测仪器（L205 型）设计完成，在 2021 年 4～5 月丽水枇杷上市期间投入生产实践使用，效果理想，且该仪器于 2021 年 5 月 16 日在莲都区太平枇杷节上正式公开发布。该项技术的成功研发，为枇杷产业提供了果实采后无损分级与保鲜包装的源头性技术和装备支撑。目前，第二代仪器已完成升级，于 2022 年枇杷销售季节投入生产应用。

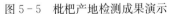

图 5-5　枇杷产地检测成果演示　　　图 5-6　仪器发布展示现场

杨梅网室避雨栽培技术

一、技术背景

浙江杨梅成熟上市期正值梅雨降雨集中期，易受风雨、果蝇、病菌危害，影响杨梅果实的品质和采收。青田县在全省率先示范推广杨梅设施避雨栽培技术，以'东魁'杨梅为试材，开展单株网室避雨设施、单体网室避雨设施、连栋网室避雨设施3种栽培模式效果比较研究，以期筛选出适合山地杨梅最佳的避雨栽培模式，为杨梅绿色优质高效生产提供理论和实践依据。

二、项目概况

项目来源：浙江省农业厅关于印发《浙江省2018年农业重大技术协同推广计划试点实施方案的通知》（浙农科发〔2018〕19号）

承担单位：青田县经济作物管理站、青田县平风寨春华家庭农场

实施地点：青田县瓯南街道平风寨村

实施时间：2018年9月至2020年9月

建设内容：开展'东魁'杨梅不同网室避雨栽培技术试验研究

三、技术要点

1. 品种选择　选择抗性好、经济性状好的优良品种，一般选晚熟'东魁'等品种。

2. 树体矮化　网室避雨栽培的前提是树体矮化，新植园以培

养低干矮化自然开心形树冠为宜，高大树冠须逐年矮化改造后再实施，一般杨梅树冠高度控制在2.5～3.5 m之间。

3. 棚架搭建

（1）单株网室避雨设施模式 采用8条6 m长DN20的热镀锌圆管搭建，在圆管2.5～3.5 m处弯拱。以树干为中心，两两对称，一端固定于树冠四周，另一端在树冠上方两两连接固定，具体视树冠大小决定长端、短端朝上或朝下，树冠顶部与棚顶、四周分别保持0.8 m、0.2 m以上的空间距离，确保棚内通风透光，防止成熟期高温引发日灼。

图6-1 单株网室避雨

（2）单体网室避雨设施模式 采用6 m长DN20热镀锌圆管搭建，根据立地地形决定圆管弯拱位置，一般在2.5～3.5 m处弯拱。以树干为中心，两条圆管顶端在树冠上方用DN15热镀锌圆管夹接固定，另两端相对分别固定于地面，因上下坡落差大或树冠冠幅较大的，可采用底部夹接的方式补高。棚体随杨梅栽植横向或纵向延伸搭建，具体视园地立地条件灵活掌握。四周安装纵拉杆以固定棚体。要求树冠顶部与棚顶、四周分别保持0.8 m、0.2 m以上的空间距离。

图 6-2 单体网室避雨

（3）连栋网室避雨设施模式　参照大棚促成栽培设施搭建，详见"杨梅山地大棚促成栽培技术"有关内容。

图 6-3 连栋网室避雨

4. 网膜覆盖 网膜覆盖前做好病虫害防治，连栋网室避雨栽培模式应浇足水分。单株（体）网室避雨栽培模式，采前 40 d 全树（棚）覆盖 30～40 目*的防虫网，四周用压膜卡固定于棚架上，基部用沙包压实，防止室外害虫进入网内，疏枝、疏果等农事操作可通过拉链口进出。视天气情况，采前 15 d 棚顶覆盖防雨布避雨，防雨布四角用绳绑至地面木桩固定。连栋网室避雨栽培模式采前 40 d 棚体四周覆盖 30～40 目防虫网，起到防虫的作用，同时棚体顶部覆盖 0.07 mm 聚乙烯无滴膜，起到避雨的作用。有条件的，网膜覆盖后，距采前 15 d 覆盖遮阳网（遮阳率 50% 左右），遇高温晴热天气时，10：00～16：00 覆盖，起到遮阳降温作用。采后及时揭去网膜。

5. 配套技术 网膜覆盖后继续做好疏枝疏果等农事管理工作，确保树体通风透光，保持结果与营养供给的平衡。其他参照露地栽培技术管理。

四、应用成效

1. 延迟成熟、延长采摘期 网室避雨栽培较露地栽培成熟期延迟 0～5 d，采摘期延长 2～3 d，延后 2～8 d。

2. 提升品质、提高采收率 网室避雨栽培平均单果重 25 g 以上，可溶性固形物含量 12% 以上，优质果率提高 20% 以上，果实综合品质明显提升。采收率提高 30% 以上，防落果成效显著。

3. 提高经济效益 单株（体）、连栋网室避雨栽培每 667 m^2 平均收益 2.7 万元、6.2 万元，较露地栽培增加收益 2.0 万元、5.5 万元。

通过 3 种不同网室避雨栽培模式效果比较研究，发现 3 种模式均不同程度实现延迟成熟、延长采摘期、提升品质、提高采收率、提高经济效益的效果，其中以连栋网室避雨栽培模式成效最显著、最稳定。

---

* 目为非法定计量单位，为便于生产中应用，本书暂保留。目是指 2.54 厘米长度中的网孔数。——编者注

杨梅山地大棚促成栽培技术

一、技术背景

丽水市是浙江省杨梅主产区之一，2019 年，全市杨梅面积 8 086.7 hm²，产量 3.27 万 t，产值 5.24 亿元，分别占丽水市水果面积、产量、产值的 27.3%、9.6%、31.8%。丽水杨梅以露地栽培为主，成熟期集中在 6 月中下旬至 7 月上旬，上市时间集中，采收期常与梅雨相遇，果实腐烂多、落果重、商品率低，丰产不丰收现象时有发生，严重打击了梅农发展杨梅产业的信心。为错开杨梅集中上市期，减少因集中降水等灾害性天气造成的损失，青田县经济作物管理站在青田县瓯南街道白浦村、平风寨村开展东魁杨梅大棚促成栽培技术试验，探索研究适合山地的杨梅大棚构建模式及配套栽培技术。

二、项目概况

项目来源：《丽水市农业局关于下达丽水市农业产业技术创新与推广服务团队 2018 年度工作任务的通知》（丽农发〔2018〕55 号）

承担单位：青田县经济作物管理站、青田县东青杨梅专业合作社、青田县绿丰梅园家庭农场

实施地点：青田县瓯南街道白浦村、平风寨村

实施时间：2017 年 11 月至 2018 年 12 月

建设内容：山地杨梅大棚构建及配套栽培技术应用与示范

三、技术要点

1. 园地选择 因地制宜搭建大棚，一般选择光照良好的南坡

或东南朝向、无强风影响的园地为好，不宜在地势陡峭、坡度大的园地搭建大棚。

图 7-1　阶梯式连栋钢架大棚

2. 设施搭建　依据山地杨梅园地势呈阶梯式或拱形搭建热镀锌钢管大棚，一般肩高 5.5 m，顶高 6 m，单栋宽 6 m，树冠顶部

图 7-2　拱形连栋钢架大棚

与棚顶保持 1.5 m 以上。侧顶部安装摇膜通风口，便于通风降温。连栋大棚上坡基角线处筑拦水沟渠，防止成熟期雨水通过土壤渗入棚内。配套安装喷滴灌设施，保障供水。

图 7-3　大棚顶部排气口

3. 大棚覆膜　大棚薄膜选择高透光、高保温、无雾滴、无尘、无毒的聚乙烯膜（PE）为宜，规格为 0.07 mm。大棚覆膜时间一般为 12 月中下旬至翌年 1 月初，选择无雨、无风或微风时覆膜，防止强对流天气对大棚的破坏。覆膜后注意防雪压棚，采后及时揭膜。

4. 人工授粉　杨梅雌雄异株，大棚内需要配置雄树授粉，也可高接雄枝或雄树单株搭建大棚保温，使雌雄花花期相遇。花期剪取雄枝进行人工授粉，授粉时间宜在上午 10:00～12:00 气温较高时进行，杨梅为风媒花，打开通风口，保持棚内空气流通，在多点摇动雄花枝进行人工授粉。每棚授粉 2～3 次，每 2～3 d 授粉 1 次，同时将雄花枝插于盛水的容器中，悬挂于树冠中上部，辅助人工授粉。

5. 温度调控　棚内温度调控主要通过保温加温、通风换气等措施来实现。在棚上、中、下坡各悬挂 1 支温湿度计，以便观察棚内温湿度变化。1～2月棚内气温偏低，适当通风换气，尽量少揭膜，但应注意晴天气温快速上升现象，32 ℃以上应及时打开上坡棚排风口降温。开花期、幼果期棚内夜间温度低于0 ℃时，须采取保温措施，如棚内放烟雾、燃煤炉等，注意人员进入棚内防止一氧化碳中毒，有条件的可采用热风机等设备加温。3至4月上旬当棚内温度升至32 ℃以上时，从棚体上坡至下坡，视温度分时段打开顶部排风口通风降温，一般15:00关闭保温。5月上旬当夜间最低气温稳定在14～15 ℃时顶部通风口长期处于开放状态，遇雨天及时关闭。

6. 湿度调控　棚内湿度按前中期适中、成熟期控湿的原则管理。开花期适宜相对湿度为70％～80％，幼果期和膨大期最适相对湿度为80％～90％，果实成熟采收期最适相对湿度为60％～70％。杨梅较耐阴而好湿，特别是果实膨大期棚内湿度大有利于果实发育肥大，可通过土壤滴灌、树冠喷灌调节湿度。授粉期高湿容易使花粉成团，不利于授粉，宜通过通风调节。成熟季节高温高湿容易使果实发生白腐病导致落果，故湿度不宜太高，宜在果实转色期前地面覆盖银黑双色反光地膜，达到增光控湿的目的。

7. 光照调控　大棚内光照强度较露地弱。建议无滴薄膜一年一更新，尽量减少棚架、支架、压膜线等不透明物体遮光。合理栽植密度，科学整形修剪，使树体处于通风透光状态。转色期地面覆盖银黑双色反光地膜，增加散射光利于果实转色成熟。

8. 树体管理　为了便于杨梅大棚的搭建和管理，采用矮化开心整形修剪为宜，构建合理的矮化树体。对新植杨梅园，以培养低干矮化的自然开心形树冠为宜，

图7-4　转色期地面覆盖反光膜

杨梅开始挂果再搭建大棚。对高大树冠杨梅园宜进行2～3年的矮化大枝修剪，一般树冠高度控制在2.5 m左右，最高不超过3.5 m。

9. 花果管理   大棚促成栽培应特别注意疏花疏果控产。春季视树体生长情况，对花量过多的树，疏枝结合疏花，疏删细弱、密生、直立性结果枝，直接减少花量。疏果一般分2～3次进行，东魁杨梅第一次在盛花后20 d，疏去密生果、小果、劣果和病虫果。第二次在谢花后30～35 d，再次疏去小果和劣果。第三次在5月初果实发水前定果，一般结果枝留1～2果，细弱枝不留果。达到结果与营养供给的平衡，促使果实提早转色成熟。

10. 科学施肥   遵循"适氮低磷高钾，增施有机肥，追施微肥"的原则，氮∶磷∶钾以4∶1∶5为宜，做到"看树势、看立地、看结果"施肥。因大棚内肥料流失少，一般施肥量略低于露地栽培，正常结果树一般全年施肥3次，以株产30 kg东魁杨梅为例，第一次为2～3月壮果肥，结合滴灌株施硫酸钾0.25～1 kg，或焦泥灰15～20 kg；第二次为6月采后肥，一般株施复合肥0.5～1 kg，以促进树体恢复；第三次是10～11月秋冬基肥，一般株施商品有机肥15～20 kg，或腐熟农家肥35～50 kg。另视树体、果实生长需要，适当用叶面肥进行根外追肥。

11. 病虫防控   棚内病虫害防治，应选择晴天上午进行。冬季清园的基础上覆膜扣棚。大棚内温高湿，有利于介壳虫等虫害的发生，采果后应注意加强防治。覆膜时大棚出入口、顶部排风口同时覆盖30目防虫网，隔离外来虫源。避雨防虫相结合，大棚内病虫害发生相对较少。

四、应用成效

1. 提早成熟，延长采摘期   东魁杨梅提早20 d以上成熟，5月下旬上市，采摘期长达20 d以上。

2. 品质更优更稳定   设施环境适宜杨梅果实生长，东魁杨梅可溶性固形物含量12%以上，平均单果重23 g以上，优质果率

图 7-5　大棚与露地杨梅果实对比（5月20日，东魁杨梅）

80％以上。

3. 提高采收率　大棚栽培前期保温促成后期防虫避雨，果实不易受雨水、果蝇、病菌危害，采收率90％以上。

4. 提高经济效益　每 667 m² 采收量 600 kg 以上，市场售价100～200 元/kg，每 667 m² 经济效益达 6 万元以上。

'东魁'杨梅高大树冠矮化改良技术

一、技术背景

丽水山区现有杨梅多以 20 世纪 90 年代至 21 世纪初发展为主，树龄多达 20 年以上，部分缺乏科学管理，造成树冠高大，果园郁闭，内膛空虚，结果部位外移，树体高达 6~8 m，极易受台风危害，果实采收和树体管理不便，果园郁闭不通风透光，直接造成生产管理成本增加，果品品质下降，对丽水山区杨梅产业发展造成不利影响。针对杨梅产业发展现状，青田县经济作物管理站开展"东魁"杨梅高大树冠矮化改良技术示范，集成'东魁'杨梅高大树冠矮化改良关键技术。

二、项目概况

项目来源：《丽水市农业农村局关于下达丽水市农业产业技术创新与推广服务团队 2019 年度工作任务书的通知》（丽农发〔2019〕57 号）

承担单位：青田县经济作物管理站、青田县高市乡辞修杨梅专业合作社

实施地点：青田县高市乡高市村

实施时间：2019 年 1 月至 2020 年 11 月

建设内容：'东魁'杨梅高大树冠逐年矮化改良及相关配套技术的应用与示范

三、技术要点

1. 合理修剪 树体改造分 2~3 年进行，一是疏删大枝。对大

44

枝多而乱、树冠郁闭的树，首先锯除树冠中央直立的大枝，然后锯除部分相互重叠的大枝，把原来的混乱树形改造为自然开心形；二

图8-1 项目实施前树冠

图8-2 项目实施后树冠

是回缩大枝。针对该园坡度大，树冠高，采摘等生产管理不便因素，对其大枝进行分批回缩，重新培养树冠，使树冠高度降低到2.5～4.0 m；三是回缩、重剪后萌发的新梢管理。剪除过密的细弱枝、交叉枝和徒长枝，对在空秃部位抽生的直立枝进行摘心或用拉枝器调整生长角度，培养成结果枝组。

图 8-3　伤口涂抹保护

2. 花果管理

（1）控梢促花　内膛促发的秋梢长 1 cm 时，喷施 15％多效唑250～300 倍液，促进花芽分化。也可以夏季全园深翻缓解大枝修剪后秋梢的生长势，促进花芽分化，深度以 15～30 cm 为宜，靠近树干处浅些，树冠外围可深些。

（2）疏果控产　开展人工疏果，一般分 2～3 次进行，第一次在盛花后 20 d，疏去密生果、小果、劣果和病虫果，每个结果枝留4～6 个果；第二次在谢花后 30～35 d，果实横径约 1 cm 时，再次疏去小果和劣果，每个结果枝留2～4果；第三次在5月底果实迅速膨大前定果，平均每结果枝留1～2果。结果枝占全树总枝数的40%～50%。

3. 科学施肥 施肥原则适氮低磷高钾，一般年施肥3次。壮果肥于4月底至5月初看树况施，挂果多、树势弱的树，一般株施硫酸钾0.25～1.0 kg，促进幼果发育膨大，树势强、挂果少的树可不施；采后肥于7月15日前施，株施腐熟豆饼肥2～3 kg加焦泥灰15 kg（或硫酸钾0.5～1 kg），树势弱的可加0.2～0.5 kg尿素或复合肥；基肥在10～11月施，按每产1 kg果施有机肥0.5～1 kg的量结合土壤深翻施入。

4. 病虫综合防治 参照《杨梅主要病虫防治用药规范》使用（浙江省农产品质量安全学会团体标准）。

四、应用成效

1. 对树冠的影响 通过夏季修剪结合冬季修剪，大枝疏删结合大枝回缩，控制树高至3.5 m以下，冠幅在5.8 m～6.0 m，明

图8-4 矮化第二年树冠

显降低树冠高度，缩小树冠冠幅，增强了果园通风透光性能，有效促发树冠内膛大枝隐芽的抽发，实现内外立体结果。

图8-5　矮化改良后内膛枝生长情况

2. 对果实品质的影响　矮化处理树疏果控产等配套技术应用到位，第二年测得平均单果重23.7 g，可溶性固形物含量11.3%，与对照处理差异无明显，果实品质优。

3. 对采收量的影响　矮化处理树高度降低、冠幅缩小，第二年内膛枝尚未生长充分，总体结果面相对减少，株均采收量37.5 kg，较对照处理减少7.0 kg。随着矮化处理树内膛枝的充分生长，实现了内外立体结果，而对照处理树势衰弱、内膛空虚、结果部位严重外移。矮化处理树第三年株均采收量37 kg（受花期不利天气影响，总体坐果率不高），较对照处理提高5 kg。

4. 对经济效益的影响　矮化处理总体结果面相对减少，第二年平均每667 m² 经济效益10 800元，较对照处理减少2 016元；随着矮化处理树内膛枝的充分生长，第三年平均每667 m² 经济效益18 648元，较对照处理增加4 824元。

'红美人'柑橘设施完熟栽培技术

一、技术背景

'红美人'柑橘原产日本，又名'爱媛28'，母本为'南香'，父本为'天草'，为橘橙类杂交品种。其果面橙色，果肉极化渣，高糖优质，有甜橙之香气，被誉为柑橘贵族。丽水市从2015年掀起'红美人'柑橘种植热潮，现有栽培面积100余 hm²。从综合经济性状看，'红美人'柑橘具有较好的发展前景。但是，从近几年的引种表现看，'红美人'抗寒性较弱，易发生冻害，需采用大棚设施栽培。同时，'红美人'对土壤、光照、热量、肥水等条件的要求较高，幼树生长较缓慢，对黑点病、溃疡病、红蜘蛛等多种病虫敏感。设施栽培长期不揭膜，容易引起土壤盐渍化和缺素症，光照不足，容易导致枝梢徒长，加剧病虫害发生，直接影响产量和果实品质。为此，丽水市经济作物管理总站在莲都区仙渡乡葛畈村开展了'红美人'柑橘优质高效生产技术研究，建设'红美人'设施完熟栽培示范基地，示范推广'红美人'设施完熟栽培关键技术，推动丽水'红美人'产业健康持续发展。

二、项目概况

项目来源：浙江省农业厅关于印发《浙江省水果、茶叶、蚕桑、中药材、花卉产业技术项目实施方案（2018—2020年)》的通知（浙农科发〔2018〕13号）

承担单位：丽水市经济作物管理总站、丽水市芷萱食用菌专业合作社

实施地点：莲都区仙渡乡葛畈村
实施时间：2018 年 6 月至 2020 年 6 月
建设内容：'红美人'柑橘引种表现调查及设施完熟栽培技术示范

三、技术要点

（一）引种表现

1. 物候期 在丽水市莲都区设施栽培条件下，'红美人'柑橘萌芽期 2 月上旬，露白期 3 月上旬，初花期 3 月中旬，盛花期 4 月初，果实着色期 9 月下旬，成熟期 11 月上旬至 11 月下旬，完熟期 12 月初。

2. 结果习性 2015 年采用大棚设施栽植'红美人'1.33 hm²，栽植密度每 667 m² 103 株。2018 年试产，平均株产 7.28 kg，优质果率 62%；2019 年平均株产 20.19 kg，优质果率 69%；2020 年平均株产 16.50 kg，优质果率 78%。2020 年平均株产比 2019 年减少 18.27%，但优质果率提高了 13.04%。

图 9-1 '红美人'柑橘

3. 果实经济性状 经测定，'红美人'果实呈扁球形，果皮橙红，平均单果重168 g，果形指数1.03，果皮厚2.42 mm，可食率75.9%，果肉橙色，肉质极细嫩化渣，口感酷似果冻，汁多味甜，品质优良，可溶性固形物含量12.6%，可溶性糖3.95%，可滴定酸0.98%，每100 g果肉维生素C含量25.32 mg。

4. 抗病性 经田间病虫害调查发现，'红美人'柑橘设施避雨栽培（安装防虫网）红蜘蛛为害严重，未发现黑点病、吸果夜蛾、锈壁虱、柑橘小食蝇等病虫害。

（二）大棚管理

1. 大棚选择 针对'红美人'柑橘采用设施大棚栽培，容易造成枝梢徒长、红蜘蛛为害严重及土壤盐渍化和缺素症等问题，以建全天窗钢架设施大棚最为理想。

图9-2 全天窗钢架设施大棚

2. 覆膜与揭膜 覆膜时间宜选择在10～11月，前期覆膜可先覆盖顶膜，12月后适时进行全覆膜，一般在7月出梅雨季节后进行全揭膜，全揭膜后建议采用防虫网覆盖，防止吸果夜蛾等为害及风伤果、日灼果。

图9-3 '红美人'设施栽培

3. 温度调控 采果后至露白期，通过薄膜覆盖提高温度、增

图9-4 棚内喷灌设施

加积温，促进'红美人'提早萌芽、开花。冬春季节，若遇－3 ℃以下极端低温或 0 ℃以下连续低温天气，需使用加温设备提高棚内温度到 0 ℃以上。开花期至幼果期，通过揭开顶膜的方式控制棚内温度，白天棚内最高温度控制在 30 ℃以内，特别是开花期需避免高温高湿，以防发生高顶果及花腐病；幼果期至转色期提高温度，促进幼果膨大、夏梢萌发；转色期至采收期提高温差，以促进果实着色及糖分积累，提高果实外观及内在品质。

（三）配套栽培技术

1. 整形修剪 采用开心形或圆头形整形。2～3 月疏除弱树的花蕾枝组；5～6 月及时抹除夏梢或摘心，疏除部分纤细枝、过密枝；7～8 月对晚夏梢摘心，培养健壮早秋梢，疏除过密新梢，梢长 15 cm 时摘心，促进老熟。春梢修剪以疏删为主，减少花量，维持树势平衡；夏秋梢修剪以短截、回缩为主，适当短截秋梢或者回缩到夏梢节点，增加有叶结果母枝，提高叶果比。当年抽生的簇状春梢，需抹弱留强，根据枝梢空间选留 2～3 枝为宜；无花春梢抽生后需 7～8 叶摘心，以促进叶片肥大转绿，萌发强壮夏梢，而有花春梢过多的枝组则选择一部分抹除有叶花，以培育一批第二年开花的营养枝组；夏梢根据树体情况按比例进行保留，8～10 叶摘心；早秋梢予以保留，迟秋梢可在当年或第二年春季剪除。

2. 土肥水管理 2 月底至 3 月初春梢萌动前施芽前肥，以速效氮、磷肥为主；4～5 月施花肥，根据树势和花量看树施肥，选择性喷施含中微量元素叶面肥；7 月施壮果肥，以速效氮、钾肥为主，采果肥以有机肥为主，配合速效肥等。

在生长期需保持充足的水分供应，温度高时一般 3～5 d 需供水一次。在成熟期需根据土壤性质与采收时间采取不同的水分管理，保水性好的果园上市前 45 d 进行控水，保水性差的沙壤土果园上市前 30 d 进行控水，进入控水期后严格控制水分，仅在叶片卷曲时地表喷水，以 5～10 cm 表土湿润为主，严禁大水漫灌或者树冠喷灌，防止果实品质下降及落果。

图9-5　深施有机肥

3. 疏果控产　'红美人'开花结果性能极强,幼年树在树冠高度未达到1.5 m之前,需结合春季修剪进行疏花管理,以促进树冠扩大。结果树无论树势强弱均需合理疏花,弱树以培育树势为主,强树以减少无叶花、增加有叶花为主。疏果从第二次生理落果结束开始,疏除朝天果、粗蒂果、畸形果、病虫果,盛产树结果量按叶果比(80~100):1进行控制,以防树势衰败。

4. 病虫害防治　'红美人'柑橘对病虫害抗逆性较弱,易发生灰霉病、溃疡病、黑点病、粉虱、红蜘蛛等病虫害,尤其红蜘蛛为害较重,4~5月和9~10月要及时防治,且需合理交替用药防控;5月重点防治介壳虫、粉虱,7~8月重点防治锈壁虱等;冬季修剪剪除病虫枝,用0.8~1波美度石硫合剂全面清园。

5. 延后完熟分批采收　设施完熟栽培采收期在12月初至翌年2月,采收时根据果实大小、色泽、位置确定采收先后顺序,选择果实大、色泽艳、外围果优先采收,小果、内膛果留树完熟到1~2

月采收，可明显提升品质。原则上不建议整株树留果至 1～2 月采收，易发生树势衰弱、大小年等现象，严重时会出现隔年结果。

四、应用成效

通过项目实施，在莲都区仙渡乡葛畈村建成'红美人'柑橘设施完熟栽培示范基地 1.33 hm²，开展了'红美人'柑橘物候期、结果习性、果实品质、抗病性等调查分析，集成整形修剪、肥水管理、温度调控、疏果控产、病虫害防治、完熟采收等设施栽培配套技术。通过项目实施，示范基地每 667 m² 平均产量 1 700 kg，优质果率达 78%，平均售价 32 元/kg，每 667 m² 产值 5.4 万元，效益显著。项目实施期间，举办技术培训观摩活动 2 期，培训农户和农技人员 75 人次，促进了'红美人'柑橘优质高效栽培技术的推广应用。

柑橘老果园改造提升技术

一、技术背景

　　莲都区是丽水市柑橘面积最大的县（区），现有柑橘面积7 072.7 hm²，柑橘产业是山区农民收入的主要来源。由于莲都柑橘品种以'椪柑''温州蜜柑'为主，产品缺乏市场竞争力，2008年以来，莲都柑橘出现了销售难题，导致柑橘产业一直走下坡路，大批橘园失管，产量逐年减少，果品品质变劣，产业效益低下，给山区农民的生产生活造成了严重的影响。针对莲都区柑橘老果园面积大、品种结构不合理、标准化生产水平低、缺少高效益示范基地等现状，2018年，莲都区农业技术推广中心在莲都区太平乡竹舟村牛头山开展了柑橘老果园改造提升技术试验示范，建设柑橘老果园改造技术示范基地，示范推广柑橘老果园改造提升关键技术。

二、项目概况

　　项目来源：《丽水市农业局关于下达丽水市农业产业技术创新与推广服务团队2018年度工作任务书的通知》（丽农发〔2018〕55号）

　　承担单位：莲都区农业技术推广中心、丽水市丽白枇杷产销专业合作社

　　实地地点：丽水市莲都区太平乡竹舟村牛头山

　　实施时间：2018年1月至2020年12月

　　建设内容：柑橘良种繁育及老果园改造提升技术示范

三、技术要点

（一）基地概况

项目基地位于莲都区太平乡，太平乡是莲都区水果生产最重要的乡镇之一，水果产业是其支柱产业，"太平蜜橘"曾具有较高的知名度。"太平蜜橘"最核心的种植区域为太平乡牛头山地块，牛头山属于太平乡竹舟村和下岙村，从20世纪七八十年代开始发展柑橘，种植品种以温州蜜柑为主。该地块具有适合柑橘生产的优质土壤和太平溪沿线独特的气候地理环境等优势，生产的果品品质优，外观好，售价高。但是，牛头山柑橘基地建园已40多年，基地土壤板结、树势衰弱、病虫为害严重、果品品质下降等问题突出，急需进行改造提升。

图 10-1　基地改造前原貌

（二）品种选择

项目引进种植'大分''由良''宫川''甜橘柚''金秋沙糖

橘'5个不同熟期、丰产性好、品质优良、抗逆性强的柑橘优良品种。

1. 宫川 作为基地主栽品种。成熟期10月中旬至11月下旬。树势中庸，投产早，丰产稳产，稍耐贮藏。果实高扁圆形，单果重125 g左右，顶部较宽广，蒂部略窄，果面橙色，果皮较薄，果汁糖酸含量较高，风味较浓，囊壁薄而软，化渣性好，可溶性固形物含量11%～13%。市场知名度高，易于销售。

2. 大分 成熟期9月上旬至10月上旬。树势为特早熟温州蜜柑中较强的一种，成熟早，酸度低，抗病抗冻，投产快，结果性好，丰产稳产。果实扁圆形，单果重125 g左右，油胞细，果皮橙色，果面光滑，8月中旬开始着色，完全成熟后果皮深红色。果肉橙红色，脆嫩化渣，囊衣薄，风味佳，可溶性固形物含量10%～12%。

3. 由良 成熟期9月下旬至10月下旬。树势中等，进入结果期早，抗病性强，耐寒性好，丰产，栽培管理容易。果实扁圆至圆球形，单果重116 g左右，果面橙黄色，成熟期早，果肉橙红色，囊衣薄，肉质细腻，化渣性好，高糖高酸，风味浓郁，贮藏性好。可溶性固形物含量15%～18%。完熟栽培风味更佳，目前栽培量较少。

4. 甜橘柚 成熟期11月下旬至12月下旬。树姿开张，树势较强，丰产，易栽。果实扁圆形，紧实，果梗部略呈球形，果顶部平坦，果皮橙黄色，果面不太光滑，剥皮略难，带有橙香味，单果重250 g左右，少核。果肉橙色，肉质柔软，可溶性固形物含量12.5%以上，采果时风味甜、适口，且极耐贮藏，贮至翌年3月底不变味。

5. 金秋沙糖橘 成熟期10月底至11月上中旬。无核或少核，果皮艳红、易剥皮，单果重40～80 g，果实扁圆形，外形像沙糖橘，高糖低酸，可溶性固形物含量12%～15%，肉质脆嫩、味甜，极化渣，品质优，极丰产。

(三) 园地改造

基地保留原有树势较强、生长良好的 6 670 m² 14 年生'宫川'温州蜜柑树,重点抓好土壤改良、病虫害防治等工作。同时,对改造基地进行老树挖除、土地平整、土壤消毒、土壤改良等工作。

1. 树体挖掘 基地内树势衰弱、病虫害重、效益低下的桃、枇杷、瓯柑等果树 26 680 m²,全部彻底挖除,挖除后统一清理。其中'温州蜜柑''瓯柑'等黄龙病病树,挖掘前先喷吡虫啉+绿颖矿物油药剂,以控制柑橘木虱,防止黄龙病蔓延。

图 10 - 2 挖掘机整地

2. 土地平整 按照规划要求确定机耕路、操作道、排灌沟渠及生产管理用房等,然后分区逐片挖土整地,清除地面的杂草、树枝等杂物,内挖外填、半挖半填修筑水平梯地,确保不出现垮梯和水土流失等现象。

3. 土壤消毒 老果园土壤中带致病菌、柑橘残体，会引起土壤中某些营养元素缺乏，病虫害滋生，以及有毒物质的积累，对新植幼树生长将造成影响，使树体生长不良。在土壤翻新基础上，施用生石灰进行消毒，以利于肥料吸收，增加根系数量。

4. 土壤改良 1～3月为改土最适期，用挖掘机深挖，将生土和岩石碎裂，分层压埋农家肥料、杂草、秸秆等改土材料，回填肥沃土壤。改土后不易积水，土壤保水保肥能力提高，有利于维持柑橘树势。

（四）良种繁育

优质无病毒良种苗木是柑橘产业发展的基础，2018—2020年项目在莲都区老竹镇周坦村开展了柑橘良种苗木繁育工作。

1. 砧木培育 苗木砧木采用枳壳，2018年2～8月培育枳壳砧木苗3.5万株。

2. 嫁接繁育 2018年9月从丽水市莲都区老竹镇、遂昌县龙珠岗柑橘基地和宁波市象山县引进'宫川''由良''大分'3个品种的接穗，共嫁接繁育柑橘良种苗木3.2万株，其中'宫川'1.2万株、'由良'1.4万株、'大分'0.6万株。

3. 防虫网覆盖 苗木基地采用覆盖防虫网保护地栽培，有效阻隔蚜虫、木虱、吸果夜蛾等多种害虫的发生传播途径，尤其是控制蚜虫、木虱等传毒媒介昆虫，防控柑橘黄龙病、衰退病等病害的蔓延传播。

（五）苗木定植

1. 大穴改土 按行距3.5～5 m、株距2～3.5 m的定植密度，挖长、宽、深各100 cm的定植穴，每穴施烟茎生物有机肥或腐熟羊粪15～20 kg、钙镁磷肥1 kg，填土时，肥与土拌匀，填至高出地面20～30 cm。

图 10 - 3　大穴改土

2. 大苗定植　选择根系发达、无检疫性病虫害的无病毒大苗定植。2019 年 3 月从台州市黄岩区药山果树良种场柑橘无病毒育苗基地引进种植二年生'宫川'大苗 2 000 株，2020 年种植自

图 10 - 4　带土球大苗

行繁育一年生大分、由良苗木 500 株，以及三年生'甜橘柚'大苗 250 株，'金秋沙糖橘'250 株。

3. 定植方法 定植时将苗木根系理直舒展，并使嫁接口背风高出地面。覆土时泥土要踏实，并浇足定根水，树盘覆草保湿。遇干旱天气应勤浇水，隔 10～15 d 检查成活情况，发现死苗，及时补植。

（六）建防护隔离带

基地四周竖立防护隔离网，网高 3 m（地上部 2.8 m），长度 1 500 m，可有效减少病虫害的传播。

四、应用成效

2018 年 1～4 月，项目承建单位组织人员对牛头山柑橘基地的生产现状及存在问题进行实地调查研究，制定了"牛头山柑橘基地

图 10 - 5 改造后基地

改造提升规划方案"，计划对基地道路、排灌等设施在原有基础上进行改造提升，种植品种及栽培模式则进行重新布局。项目通过挖除老幼龄树、土地整理、挖穴改土、增施有机肥等改造措施，引进'大分''宫川''由良''甜橘柚''金秋沙糖橘'5个柑橘优良品种，繁育柑橘良种苗木3万余株，建成柑橘老果园改造提升示范基地33 350 ㎡。2021年，改造基地新种植果苗长势良好，'宫川''甜橘柚'两个品种已少量挂果。

柑橘黑点病防治技术

一、技术背景

柑橘是丽水市的主要水果之一，自 2010 年以来，由于生产管理松懈及低温冻害等影响，柑橘黑点病在丽水市普遍发生并逐年严重，已成为当前柑橘上发生普遍、为害较重的病害。柑橘黑点病又称砂皮病，属柑橘上一种重要的真菌性病害，是柑橘树脂病在叶片和果实上的一种表现，每年 5～7 月病害暴发，果实、新叶布满了黑点，严重影响了柑橘果实外观品质和经济效益。该病具有易发生、难防治等特点，多数橘农对病害发生认识不足，谈病色变，失去管好种好柑橘的信心。为此，丽水市农作物站在前几年调查研究的基础上，在莲都区太平乡竹舟村牛头山柑橘基地开展柑橘黑点病诱发因子及病害发生规律调查研究，创建柑橘黑点病防治技术试验研究示范点，集成柑橘黑点病防治关键技术。

二、项目概况

项目来源：《丽水市农业局关于下达丽水市农业产业技术创新与推广服务团队 2018 年度工作任务书的通知》（丽农发〔2018〕55 号）

承担单位：丽水市农作物站、丽水市丽白枇杷产销专业合作社

实施地点：莲都区太平乡竹舟村牛头山

实施时间：2018 年 3 月至 2019 年 12 月

建设内容：柑橘黑点病诱发因素、发病规律调查及防治技术试验研究

三、技术要点

(一) 诱发因素

1. 病枯枝 失管或粗放管理的橘园，施肥少，树势衰弱，造成大量枯树、病枝和枯枝；有些橘园间伐修剪后没有将枯枝及时清理出园，造成园内枯枝成堆。而果园病枯枝是病菌生长、繁殖、越冬的场所，其上产生的分生孢子和子囊孢子是病害侵染来源。当发病的枝梢枯死后，滞育在枝梢内的病菌菌丝很快转入营养生长并繁殖，形成分生孢子器或假囊壳，并产生大量分生孢子和子囊孢子。这些带病的枯枝成为黑点病发生的主要来源。

2. 雨水 降雨会诱发孢子的形成、飞散和萌发。一般雨水多，尤其是长期阴雨会加重发病。雨水多使果面持续高湿时间长，分生孢子侵染率增加，病害发生加重。丽水 6～7 月为梅雨季节，十分有利于病菌快速传播，同时梅雨天气打药预防效果差。

3. 用药不科学 多数橘农治虫不防病，冬季不清园，防治次数不足，每年只在 7 月、9 月防治 1～2 次，以防治锈壁虱、红蜘蛛、介壳虫为主，没有重视黑点病防治，有些橘农防治黑点病选用硫菌灵、多菌灵等内吸性杀菌剂为主，保护性杀菌剂使用少，防治效果不理想。

4. 当前主栽品种抗性弱，易感病 根据几年来柑橘园黑点病病情消长情况调查观察，当前丽水柑橘主栽品种椪柑、瓯柑、温州蜜柑、甜橙、甜橘柚均感病；甜橙最易感病，发病最早，病情最重；椪柑、瓯柑发病时期较迟，但病情也较重；甜橘柚抗病性相对较好，但仍属于易感病品种，目前还没有发现抗病性强的柑橘品种。

(二) 发病规律

患病枯枝是主要侵染源，病菌主要以菌丝、分生孢子器和分生孢子在病树组织内越冬。当环境条件适宜时形成大量的分生孢子器,溢出的分生孢子借风、雨、昆虫等媒介传播。孢子须在有水湿条件下才能萌发和侵染,侵染的适宜温度为 24～28 ℃,其次是 20 ℃,高于 32 ℃将受到抑制。果实在谢花后至果实整个膨大期均可发病。

由于病菌为弱寄生性,孢子萌发产生的芽管只能从寄主的伤口(冻伤、灼伤、剪口伤、虫伤等)侵入,才能深入内部。在没有伤口、活力较强的嫩叶和幼果等新生组织的表面,病菌的侵染受阻于寄主的表皮层内,形成许多胶质的小黑点。因此,只有在寄主有大量伤口存在,同时雨水多,温度适宜时,枝干流胶和干枯及果实蒂腐才会发生流行。而黑点和砂皮的发生则仅需要多雨和适温,在雨水较多的年份,常年黑点和砂皮均可流行。一般集中在 5～9 月发生,高峰期是 5～7 月,多雨水,尤其是长期阴雨会加重发病;管理粗放或者失管的果园由于树体老化、树势弱、抗病力差,发病也较严重。

(三) 防治技术

1. 农业防治 一是清除死树,及时剪除枯枝,尤其是要剪除属于重要传染源的大枝,并带出园外烧毁,清洁橘园,减少侵染源;二是通过疏树疏枝、整枝修剪,保持树冠通风透光良好,雨季注意清沟排水,降低园内湿度,改善橘园环境;三是增施有机肥,做好配方施肥,氮、磷、钾比例应控制在 2∶1∶2,不宜偏施氮肥;四是做好防冻防寒减少树脂病发生,做好主干涂白,树盘覆草,以防树枝受冻开裂枯死;五是淘汰老园、失管园,改植改种其他优良品种,如具有一定抗病性、市场销路好、效益高的甜橘柚等品种,将改造后"枯树枯枝"集中烧毁,创造良好清洁的种植环境;六是有条件的橘园,可采用避雨设施栽培。

2. 药剂防治 试验结果表明,柑橘黑点病药剂防治重点掌握喷药时期及选择有效药剂,在消除枯枝侵染源的基础上,要以防为主,常规年份喷药 5 次,以 5～7 月喷药最重要,每隔 20 d 左右喷药一次,选用代森锰锌、波尔多液等保护性药剂为主。第一次在芽

图 11-1　药剂防治

长 2~3 mm（3 月下旬至 4 月上旬）兼治疮痂病喷药，选用倍量式波尔多液（0.4：0.8：100）；第二次在谢花 2/3 时（5 月上中旬）选用 80％代森锰锌可湿性粉剂 600~800 倍液（加 200~400 倍的绿颖矿物油能提高防治效果）；第三次在 6 月上旬喷药，选用倍量式波尔多液（0.4：0.8：100）；第四次在 7 月初喷药，选用 80％代森锰锌可湿性粉剂 600~800 倍液；第五次在 9 月上旬喷药，选用 70％丙森锌可湿性粉剂 500~700 倍液或 50％克菌丹可湿性粉剂 600~800 倍液。

四、应用成效

2018 年 3 月以来，针对柑橘黑点病发生情况，适时开展调查研究，了解诱发柑橘黑点病的相关因子和病害的发生规律，并在莲都区太平乡竹舟村牛头山柑橘基地建成面积 6 670 m² 的柑橘黑点病防治试验示范点。根据柑橘黑点病的发生规律，于 4～9 月份用代森锰锌、克菌丹等药剂喷药防治 5 次，取得了良好的防治效果，柑橘黑点病防治率在 85% 以上，果实外观品质得到明显提升。通过示范推广，全市柑橘黑点病防治水平有了较大提高，病害发生基本得到控制。

葡萄不减产不减收高接换种技术

一、技术背景

目前，浙江省丽水市主栽的葡萄品种有'阳光玫瑰''夏黑''巨峰''红地球''醉金香'等，以'阳光玫瑰'效益最高，每667 m² 产值达 3 万～5 万元，其他品种的产值在 0.5 万～1 万元。种植葡萄经济效益高，投产早，管理技术要求高，投入成本大，销售市场变化快。在葡萄产业发展过程中，影响效益高低的决定因子是品种。因此，生产中葡萄品种更新频繁。品种更新一般是挖除老树重新种植，投入成本高，且更换品种至少一年没有产量，影响种植户经济收入。为此，缙云县经济作物站在缙云县双溪口乡东里村杰帅葡萄专业合作社开展了葡萄不减产不减收高接换种技术试验示范，旨在促进葡萄产业的持续稳定发展，并为其他果树品种更新改造提供借鉴。

二、项目概况

项目来源：《丽水市农业农村局关于下达丽水市农业产业技术创新与推广服务团队 2019 年度工作任务书的通知》（丽农发〔2019〕57 号）

承担单位：缙云县经济作物站、缙云县杰帅葡萄专业合作社

实施地点：缙云县双溪口乡东里村

实施时间：2019 年 1 月至 2020 年 12 月

实施内容：葡萄高接换种及配套栽培技术应用与示范

三、技术要点

该示范点高接换种前为三年生'夏黑'葡萄，避雨栽培，V形架，行株距 2.5 m×1.5 m，一干双蔓株型。高接品种为'阳光玫瑰'葡萄，改接后行株距 2.5 m×3.0 m。

1. 冬季修剪 首先确定高接树和间伐树，高接树与间伐树隔株进行，冬季对高接树进行重剪，分别在 2 个主蔓基部留 2 个强壮枝，共 4 枝，每个枝留 2 个饱满芽短截，翌年该枝芽萌芽后高接换种。不进行高接的树按普通修剪，并延长主蔓，增加结果母枝，利用重剪树余留出的空间，增加来年的挂果量。

2. 接穗准备 保留'阳光玫瑰'冬季修剪枝中具有饱满芽眼的枝条作为接穗，50 枝 1 捆捆扎。接穗保存可先用报纸包裹，外面再用保鲜膜全封闭包裹，置于 0～3 ℃冷库保鲜；或者将接穗就地沙藏保存，沙藏至翌年 2 月中旬，期间适时浇水保湿，2 月中旬气温回升后，应用塑料薄膜包裹后置于 0～3 ℃冷库保鲜。嫁接前一天将接穗从冷库取出，揭膜过水，待翌日嫁接时使用。

3. 春季高接 4 月上中旬春梢抽发至 6～7 张叶片时进行嫁接，选留生长健壮的新梢嫁接，嫁接时留 3 张叶片剪去春梢上端，采用劈接法，以尚未木质化嫩枝为砧，以冬季保存的'阳光玫瑰'枝条为接穗，单芽

图 12-1 劈接法嫩枝嫁接

嫁接，一边形成层对齐，薄膜露芽包扎。

图 12-2　高接（嫩枝接老枝）露芽包扎　　　　图 12-3　嫩枝上嫁接

4. 高接树新梢管理　高接树嫁接当年 V 形飞鸟架没有产量负载，生长势非常强，要注意枝蔓的管理。每个主蔓留 2 个芽，嫁接成活后，选留 1 个嫁接芽培养为主蔓，另一个嫁接芽剪除。新梢引梢上架，梢长至 1.4～1.5 m 时摘心，副梢留 3 张叶反复摘心。待 8 月'夏黑'采收后，'夏黑'全部挖除，此时，整园更换成'阳光玫瑰'品种，并利用'夏黑'挖除空余的空间，把原先上架的'阳光玫瑰'新梢放平，枝蔓旋转 90°，当年的新梢放平，固定于第一道钢丝，即原主蔓的最下面一道钢丝，梳理副梢，绑副梢上 V 形架。冬季修剪时，选留直径小于 0.8 cm 的二次梢作为结果母枝，留 2 芽短截修剪；直径超过 0.8 cm 的二次梢，由于长势过强影响花芽分化，且花芽形成节位较高，宜在冬季修剪时剪除。

图 12-4　高接树（红色）与结果树冬剪的延长枝（黄色）

图 12-5　高接树（黄色箭头）、结果树（红色箭头）

图 12-6　高接树的高接枝（红圈）与结果树

图 12-7　嫁接的新梢生长情况

图 12-8　上架新梢摘心

图 12-9　嫁接萌发的新梢（红色箭头）及结果树

图 12-10　结果树间伐后嫁接树主蔓从 V 形架上扭转 90°平绑于第一道钢丝上

5. 结果（间伐）树管理　12 月至翌年 1 月冬季修剪，2 月上旬涂石灰氮破眠，3 月上中旬抹芽，4 月绑梢，4 月中旬结果枝的花穗上留

图 12-11　嫁接新梢生长情况与结果树的结果状

3张叶摘心，顶部副梢留3张叶反复摘心，结果枝上的其余副梢全部抹除，直至采收，超出最外面一道钢丝的新梢全部抹除；7月下旬至8月上旬采收，采收后全部挖除。花果及枝梢处理与常规管理相同。

6. 肥药管理　高接树与间伐树相同。5～7月，每月施1次水溶肥，每次每667 m² 施水溶肥15 kg；8月份，每667 m² 施磷酸二氢钾10 kg；10月份施采后肥，每667 m² 施有机肥2 400 kg。5～9月份重点防治霜霉病。

图 12 - 12　嫁接树翌年结果状

四、应用成效

1. 全园当年一次性更新品种无缺株　为保证1年一次性完成高接换种，冬季高接树修剪时，选留较最终留枝量多1倍的4个待接枝（中间砧），春季进行高接，成活率达83％。嫁接成活后，视枝蔓的生长势、生长位置等，4个接芽选留2个。8月'夏黑'葡萄采收后，'夏黑'全部挖除，当年一次性完成嫁接，全园更换成'阳光玫瑰'葡萄。

2. 产量及收益不减　该'夏黑'园为密植园，行株距2.5 m×1.5 m，每667 m² 栽178株，2019年高接换种，隔株嫁接。'夏黑'葡萄采收前，'阳光玫瑰'留有 0.8～1.0 m 的枝蔓空间，绑枝蔓上 V 形架，'夏黑'采收后，整树挖除，留出的空间给'阳光玫瑰'葡萄利用，既不影响当年产量和效益，又利用原来树体和设施，进行品种更新，能够促进品种结构的及时更新。2019 年当年'夏黑'每 667 m² 控制产量 1 300 kg，产值 1.2 万元，与高接换种前相近。2020 年'阳光玫瑰'每 667 m² 控制产量 1 300 kg，产值 3.5 万元。从目前情况看，生长结果情况良好，达到预期效果，产量、产值超过正常生产水平。

3. 成为高接换种的一种模式 项目示范基地 13 340 m² '夏黑'葡萄改接成'阳光玫瑰'葡萄，在更换品种的同时能保证产量，效益提高 3 倍。试验示范获得成功，并在全市推广应用，对密植的葡萄园进行隔株高接，利用老品种的骨干枝以及棚架的空间，通过高接进行品种更新。该项技术在葡萄产业品种结构调整中起到巨大作用，并被猕猴桃、柑橘等借鉴应用，对于推动葡萄产业的转型升级、水果产业的更好更快发展及乡村振兴具有十分重要的意义。

老桃园改造新桃园技术

一、技术背景

桃是丽水市第三大水果，以硬质桃为主，丽水山区发展桃产业具有独特气候优势，产品品质佳，曾获省级金奖、浙江省十佳桃等奖项。2020 年，全市桃种植面积 5 333 hm²，产量 7.8 万 t，产值 2.9 亿元，面积和产量均居浙江省第一位。丽水市从 20 世纪 90 年代开始大力发展桃产业，至今已有 30 多年，大部分老龄桃园低产低效，亟需更新改造。但由于桃产业连作障碍瓶颈没有从根本上破解，导致了重茬二代桃园生长缓慢、经济寿命短、单位面积产量低、果实品质差等问题。连作障碍已成为全球性问题，以土壤改良培肥为核心的衰老桃园再植技术，是推动老桃园升级改造的关键。为此，莲都区农业特色产业发展中心与丽水市经济作物总站、丽水市土肥植保能源总站、丽水职业技术学院、仙渡乡农业技术服务站等单位联合组成研究团队，在莲都区仙渡乡何金富村开展老桃园改造新桃园技术项目，探索老桃园老树彻底挖除再植和老桃园老树不

图 13－1　老龄桃树

挖除间作套种再植 2 种模式下的试验研究，期望掌握解决连作障碍相关技术，建成示范基地，辐射推动丽水桃产业的持续健康发展。

二、项目概况

项目来源：《丽水市农业农村局关于下达丽水市农业产业技术创新与推广服务团队 2020 年度工作任务书的通知》（丽农发〔2020〕79 号）

承担单位：莲都区农业特色产业发展中心、丽水市仙渡乡农华蓝莓专业合作社等

实施地点：莲都区仙渡乡何金富村

实施时间：2020 年 1 月至 2021 年 12 月

建设内容：老树彻底挖除再植技术，老树不挖除间作套种再植技术

图 13 - 2　研究团队成员合影

三、技术要点

（一）老树彻底挖除再植技术

该地块为平地，面积 0.23 hm²，树龄 10～14 年的'夏香姬'

'燕红'桃，树势衰弱，树体流胶，经济效益低下。改造后种植'金秋红蜜'品种。

1. 老树清理 计划更新改造的老桃园地块，在当年采果后，锯断主枝、主干；枝干捆绑整理，清理出桃园，集中堆放；老树墩、树根用挖掘机挖除，清除残留根系，清理的根系集中堆放。后期枝干、根系作无害化处理。

2. 土壤深翻 挖机全园深翻土壤，深度清理残留根系，挖掘深度 50～60 cm，其中老桃树根系活动范围的土壤翻到上面暴晒，深翻后暴晒 1 个月左右，期间进行翻耕。

3. 土壤消毒 以石灰氮消毒，撒施石灰氮前，按 5 m 行距起垄，垄高 40～50 cm、沟宽 0.5 m，垄面平整；人员做好安全防护；每 667 m² 施石灰氮 60～75 kg，旋耕混土；灌水，保持耕作层土壤湿度 50%～60%；每畦用厚度 0.03～0.04 mm 的塑料薄膜覆盖，四周及畦面压实、密封、焖杀。消毒时间 20 d 以上，覆盖时间越长效果越好。揭膜后，旋耕机再次旋耕，让园地水分自然吸干，晾晒 7～15 d。

4. 全园培肥 全园撒施腐熟豆粕有机肥，每 667 m² 施用 500～600 kg，同时撒施土沃宝土壤调整剂，每 667 m² 撒施 120～150 kg，用旋耕机浅翻 20～30 cm，与土混合。

5. 新苗定植 按 5 m 株距，挖直径 50～80 cm、深 50 cm 定植穴；每定植穴施 10～15 kg 腐熟有机肥、0.25 kg 溉茂土壤调理剂、4 kg 谷乐丰有机肥和 0.1 kg 复合肥，与土搅拌混合；上面覆盖一层 20～25 cm 厚的土壤，待定植。选择壮苗，于 12 月下旬至翌年 2 月定植，定植时苗木根系蘸泥浆，垂直放入穴中，将根系自然舒展，用细土填入根间，一层根一层土，边填边压实，使嫁接口高出土面。浇足定根水，树盘覆草。

6. 补充有益菌 3～5 月苗木生长期，每隔 25～30 d 浇施谷乐丰 88 亿/ml 复合微生物菌剂 1 次，分解土壤毒性物质，激活土壤菌种，补充有益菌，保护根系。使用时首先摇匀菌剂，每 667 m² 用量 5 kg，兑水稀释 100～150 倍使用。

7. 行间套种　为增加幼龄桃园收入，3～4月在新栽桃树行间间作套种生姜。播种前用旋耕机松土，留出树盘，开沟，沟深8～10 cm；按株行距（20～25）cm×（30～40）cm挖穴，定植生姜，每667 m² 用种量150～250 kg；每株施0.05～0.1 kg复合肥和0.5 kg桃树枝叶粉碎腐熟有机肥，上面覆盖3～5 cm土壤并平整；割草成片覆盖，全园喷洒药剂。后期适时进行追肥、培土等日常管理，于12月下霜前一次性收获。

8. 幼树管理　一至三年生桃树以营养生长为主，薄肥勤施，氮肥为主，配合磷钾肥。种植第一年，4～8月追施尿素或复合肥，其中4～5月每隔15～20 d株施0.05～0.10 kg，6～8月每隔30 d左右株施0.10～0.15 kg；11～12月沟施冬肥，株施10～15 kg腐熟有机肥或羊粪。第二年施肥3～4次，4～6月施2～3次尿素或复合肥，株施0.15～0.3 kg，11～12月沟施冬肥。第三至第四年进入结果期后施2～3次肥，可不施或少施春肥，不施采果肥，重施壮果肥与过冬基肥，壮果肥在桃果硬核期施入，过冬基肥在开始落叶时施入。幼年树的修剪主要围绕整形，采用三主枝自然开心形，并进行拉枝、整形、修剪。病虫害以防为主，防治结合，采用高效低毒型药剂适时喷药，冬季用石硫合剂清园。

图13-3　老树砍伐及机械刨根整地

图 13 - 4　土壤消毒

图 13 - 5　套种生姜

图 13-6　生姜收获后新桃苗生长情况

（二）老树不挖除间作套种再植技术

该地块为山地，面积 0.24 hm²，种植'夏香姬''燕红''夏之梦'品种，树龄 10～14 年，株距 4～4.5 m，树势衰弱，树体流胶，经济效益较低。再植模式为老树不挖除间作套种新桃苗，新桃树品种为'夏香姬'和'霞脆'。

1. 剪大枝腾空间　12 月修剪期重回缩老桃树，除地块边株留外侧大枝外，水平梯面上的老树锯除大枝，两株老树间留出新植桃苗栽植空间。锯大枝时要求锯口平整，不留残桩。

2. 清园及改土　大枝锯除并进行修剪后，清理枝干集中堆放，后期作无害化处理。修剪后用石硫合剂清园，并用石灰改土，每 667 m² 用量 100～150 kg，待定植。

3. 新苗定植　在剪大枝的 2 株老树中间位置，挖直径 50～70 cm、深 50 cm 的定植穴，每定植穴施 20～25 kg 腐熟有机肥或羊粪，与土搅拌混合，上面覆盖一层 20～25 cm 厚的土壤，待定植。定植时选择大苗、壮苗，时间为 12 月至翌年 2 月，定植方法同老树砍伐改造模式。

4. 幼树管理　新苗种植第一年，4～7 月每隔 30 d 左右株施 0.10～0.15 kg 尿素或复合肥，11～12 月沟施基肥，增施有机肥，株施 20～30 kg 腐熟有机肥或羊粪。幼树第二、第三年施肥及幼树整形、病虫害防治、清园等管理同老树彻底挖除再植模式。幼树抚育期要保证老桃树存活，幼树生长及老桃树结果管理同步，幼树扩大老树回缩，以不影响幼树生长为度。

5. 老树逐年锯除　随着桃幼树的生长，树冠扩大，老桃树逐年回缩，幼树种植 3～4 年后抗性增强，在当年老树果实采收后，锯除老桃树，整体更新为新桃园。

图 13-7　老桃树重回缩　　　　图 13-8　定植准备

图13-9　大苗定植

新栽大苗（红色箭头）、重修剪老树（黄色箭头）

图13-10　幼树长势

四、应用成效

1. 桃苗生长量大，长势超预期　两种改造模式均于2020年1~2月栽植桃苗，从2021年12月桃树整形修剪前调查的成活率和生长量看，两种种植模式桃苗均长势良好，成活率达100%，且桃苗生长量均显著大于老树砍伐后直接定植（对照）地块的苗木生长量，其中老树彻底挖除再植地块种植时栽植一年生桃苗，桃苗干粗（嫁接口上10 cm）9.15 mm，调查时干粗、高度、冠幅分别达

59.26 mm、3.05 m、3.14 m，比对照提高 62%以上；老树不挖除间作套种再植地块栽植二年生桃苗，栽植时'夏香姬''霞脆'干粗分别 34.35 mm、41.38 mm，调查时'夏香姬'和'霞脆'的干粗、高度、冠幅分别为 44.32 mm、2.24 m、2.21 m 和 59.48 mm、2.46 m、2.27 m，比对照分别提高 51%、53%以上。

2. 保持经济效益不减

（1）老树彻底挖除再植模式地块，在幼树生长前 2 年，间作套种一年生生姜，以姜养树，熟化土壤，培肥地力，提高土地利用率，改善果园土壤微生态，缓解连作障碍，是生态高效的套种模式。生姜当年种植当年投产，每 667 m^2 产量 1 500 kg 以上，产值达 10 000 元，增加了早期桃园经济收入。

（2）老树不挖除套种间作再植模式地块，老树重修剪但仍保留一半以上结果枝梢，保持了一定产量。2021 年改造当年每 667 m^2 产量 950 kg，产值 5 700 元，预计 2022 年继续保持 2021 年经济效益。

3. 成为老桃园改造示范点　老树彻底挖除再植模式应用了老树挖除、土壤消毒、培肥、微生物菌剂施用、合理栽植等系列技术，效果明显；老树不挖除间作套种再植模式则考虑山地在机械使用上的局限性，采用老桃树回缩、清园、改土、增施有机肥、老树锯除等技术，也取得了明显效果，2023 年即可全园改造成新桃园。两种模式下的新植桃树均生长整齐、健壮，2023 年将全部进入投产收益期。该试验示范获得成功，建成了 0.47 hm^2 老桃园改造新桃园示范基地，相关技术将进一步集成应用，以推动老桃园改造升级，同时对其他作物连作障碍问题的解决也将起借鉴作用。

猕猴桃适栽品种及优质高效栽培技术

一、技术背景

近年来，遂昌县利用得天独厚的自然生态环境和良好的气候、土壤条件，大力发展猕猴桃产业，全县猕猴桃种植面积675.3 hm²，产量 6 500 t，产值 6 850 万元，成为山区农民增收致富的特色产业。然而，遂昌猕猴桃品种以'红阳'为主，存在着品种单一、上市期集中，管理技术参差不齐等问题，而且受倒春寒、花期阴雨、夏季高温干旱等灾害性天气影响大，'红阳'等品种抗病性弱，溃疡病频发，产量品质不稳定等问题突出，严重阻碍了产业的可持续发展。引进适合浙西南山区种植的猕猴桃优良品种，示范推广猕猴桃优质高效栽培技术，成为广大猕猴桃种植户的迫切需求。为此，遂昌县果蔬管理站在前期基础上，于 2018 年开展了猕猴桃新品种引进筛选及配套栽培技术研究，创建猕猴桃新品种试验示范基地，示范推广浙西南山区适栽猕猴桃品种及关键栽培技术。

二、项目概况

项目来源：《丽水市农业局关于下达丽水市农业产业技术创新与推广服务团队 2018 年度工作任务书的通知》（丽农发〔2018〕55 号）

承担单位：遂昌县果蔬管理站、遂昌县金火家庭农场

实施地点：遂昌县妙高镇苍畈村高坪

实施时间：2018 年 1 月至 2019 年 3 月

建设内容：浙西南山区适栽猕猴桃品种筛选及配套栽培技术示范

三、技术要点

（一）适栽品种及引种表现

1. 红阳　中华猕猴桃早熟品种，果实短圆柱形，果面光滑无毛，平均单果重81.3g，果肉黄绿色，沿果心呈放射状红色条纹，似一轮红太阳光芒四射，果肉细嫩、汁多、味甜可口，可溶性固形物含量19.6%～21.3%。在遂昌县3月上旬萌芽，4月上旬开花，果实8月下旬成熟。适合在500m以下的中、低海拔地区种植。树势中庸，投产早、丰产，对溃疡病抗性弱，宜采用避雨栽培。

图14-1　红阳猕猴桃

2. 金艳　中华猕猴桃晚熟品种，果实长圆柱形，果皮黄褐色，平均单果重101g，果肉金黄色，细嫩多汁、味甜可口、有香气，可溶性固形物含量15.2%～17.5%，耐贮藏。在遂昌县3月中旬萌芽，4月中旬开花，果实10月中旬成熟。适合在海拔400～800m的中、高海拔区域种植，低海拔区域种植需覆盖遮阳网防晒降温。树势强健，投产早、丰产，抗病性较强。

图 14 - 2　金艳猕猴桃

3. 翠香　美味猕猴桃早熟品种，果实椭圆形，果皮黄褐色，略有细软毛，易脱落，平均单果重 92 g，果肉翠绿色，质地细而多汁，香甜爽口，芳香味浓，可溶性固形物含量 16.8%～19.2%，

图 14 - 3　翠香猕猴桃

89

软熟快，适合鲜销。在遂昌县3月中旬萌芽，4月下旬开花，果实8月下旬成熟。适合在海拔400～800 m的中、高海拔区域种植，低海拔区域种植需覆盖遮阳网防晒降温。树势强健，萌芽率低，成枝率高，早果性、丰产性好，抗病性强。

4. 徐香　美味猕猴桃中熟品种，果实短圆柱形，果皮密布黄褐色茸毛，易剥皮，平均单果重82.6 g，果肉绿色，汁液多，具果香味，酸甜适口，可溶性固形物含量15.3%～19.8%，较耐贮藏。在遂昌县3月中下旬萌芽，4月下旬开花，果实9月中旬成熟。适合在海拔400～800 m的中、高海拔区域种植，耐热性较好。树势强健，萌芽率高，成枝率高，早果性、丰产性好，抗病性强。

图14-4　徐香猕猴桃

5. 华特　毛花猕猴桃晚熟品种，果实卵圆形或矩圆形，果面密布灰白色长茸毛，皮易剥似香蕉，平均单果重90 g，果肉深绿色，甜酸爽口，清香味浓，可溶性固形物含量14.1%～15.6%，每100 g果肉维生素C含量1 135.1 mg，比一般猕猴桃高2～10

倍，果实耐贮藏，常温下可贮藏 3 个月。在遂昌县 3 月中下旬萌芽，5 月上中旬开花，果实 10 月下旬至 11 月上旬成熟。适合在海拔 500～900 m 的中、高海拔区域种植，低海拔区域种植需覆盖遮阳网防晒降温。树势强健，投产早，丰产，抗病性强。

图 14-5　华特猕猴桃

（二）配套栽培技术

1. 整形修剪

（1）整形　采用"一干两蔓"整形，即单主干上架，在主干接近架面下 20 cm 处摘心，培养 2 个主蔓，分别沿中心钢丝向两边伸展，主蔓的两侧每隔 30～40 cm 留一个结果母枝，结果母枝与行向呈直角固定在架面上。

（2）修剪

① 冬季修剪

结果母枝选留：在主蔓上每隔 20 cm 选留一个结果母枝，向两侧均匀分布，每株选留 8～10 个结果母枝。宜选留生长健壮的发育枝和结果枝，选留的枝条根据生长状况修剪到饱满芽处。

图 14-6　红阳猕猴桃冬季修剪后

留芽数：在每个结果母枝上应保留一定的有效芽数，因品种的不同有一定的差异。'红阳'等生长势弱的品种保留 8～10 个芽，'翠香''徐香'等生长势强的品种保留 12～15 个芽，所留的结果母枝均匀绑缚在架面上。

② 夏季修剪

抹芽：从萌芽期开始抹除着生位置不当的芽，一般主干上萌发的潜伏芽均应疏除，但着生在主干上可培养作为预备枝的芽应根据需要保留。对三生芽、并生芽应选留一个壮芽，对结果母枝上萌发过多的芽，将其中过弱、过密芽抹掉。

疏枝：宜在旺树上进行，在新梢生长 15～20 cm 能辨认出花序时进行，主要疏除下一年无用的外围发育枝及徒长枝、细弱枝、过密枝、双芽枝以及病虫枝等。结果母枝每隔 15～20 cm 保留一个结果枝。

摘心：一般在大多数中短枝已停止生长时开始，对未停止生长顶端开始弯曲缠绕的枝条，摘去新梢顶端3～5 cm，下年不用的外围枝可在开花前摘心。

③ 雄株修剪　花后应及时对雄株进行修剪，把外围的枝条进行回缩，对已连续开花2～3年的花枝全部从基部疏掉，并将过密、过弱枝疏除，保留强壮的发育枝和部分当年开花的花枝。

图14-7　雄株夏剪后抽发新梢

2. 花果管理

（1）授粉

授粉时间：不同的品种开花期不同，一般在4月上中旬至5月上旬之间。雌花应在开放后2～3 d内完成授粉，以上午9～11时授粉效果最好，阴天可以全天授粉。

花粉收集与人工授粉：早晨5～9时在雄株上采集即将开放或刚刚开放的雄花，在26～29 ℃的恒温箱中放置20～24 h，待花药开放散出花粉，装入有色瓶内，放在冰箱低温保存。在1～2 d内使用的，将花粉直接盛入干净的茶杯中。在雌花开放时，用毛笔或自制授粉笔轻蘸花粉后，对准雌花花丝柱头上轻轻点授即可。

（2）疏花疏果

疏花：3月下旬至4月中旬，将部分侧花蕾、结果枝基部的花蕾疏掉。

疏果：5月中下旬，花后10～15 d，疏去授粉受精不良的畸形果、小果、病虫果、过多果等。生长健壮的长果枝留果3～5个，中庸的结果枝留果2～3个，短果枝留果1～2个，同时注意控制全树的留果量，成龄园每平方米架面留果35～45个。

图14-8　红阳猕猴桃挂果状

3. 土肥水管理

（1）土壤管理　每隔3年要对园土进行深翻，秋季结合施有机肥进行。结果树深翻应在10～11月采收后进行，深翻深度50～60 cm。土壤干旱时不宜改土。

（2）科学施肥

基肥：在果实采收后施入，株施有机肥20 kg，并混合施入

1.5 kg 磷肥。施基肥时，结合深翻改土挖环状沟施入，沟宽 30～40 cm、深 40 cm，逐年向外扩展，全园深翻一遍后改用撒施，将肥料均匀地撒于树冠下，浅翻 10～15 cm。施基肥后应灌水。

追肥：第一次追肥在萌芽前 15～20 d 施入，每 667 m² 施高氮复合肥 25 kg，以促进萌芽整齐、健壮；第二次在谢花后 15～20 d 施入，每 667 m² 施三元复合肥 25 kg，以促进果实快速膨大；第三次在果实采收前 35～45 d 施入，以钾肥为主，每 667 m² 施 20～25 kg；第四次在采果后施入，每 667 m² 施高氮中磷中钾复合肥 15 kg，促使树势恢复。

根外追肥：生长期要结合病虫害防治进行多次根外追肥，前期以氮肥为主，后期以磷、钾肥为主。常用叶面肥料浓度为尿素 0.3％～0.5％，磷酸二氢钾 0.2％～0.3％，硼砂 0.1％～0.3％。

（3）水分管理　猕猴桃对水分要求高，生长期土壤湿度保持在田间最大持水量的 70％～80％为宜，低于 60％时应灌水。夏季高温干旱季节，若遇 35 ℃以上持续高温天气，每 2～3 d 需灌水一次。多雨季节，应及时疏通沟渠排水。

4. 病虫害防控

（1）病害　猕猴桃的主要病害有溃疡病、褐斑病、炭疽病、根腐病、果实软腐病等。猕猴桃溃疡病以预防为主，春季萌芽后至开花前使用 20％噻菌铜悬浮剂 600 倍液或 33.5％喹啉铜悬浮剂 1 000～1 500 倍液或 46％氢氧化铜水分散粒剂 1 000～1 500 倍液等防治，药剂交替使用。花期要重点防治花腐病、灰霉病，常用药剂有 50％腐霉利可湿性粉剂 1 000～1 500 倍液、50％异菌脲可湿性粉剂 1 000～1 500倍液、40％嘧霉胺可湿性粉剂 800～1 000 倍液。猕猴桃褐斑病是生长期主要的叶部病害，可在 5～8 月高发期喷 80％代森锰锌可湿性粉剂 600～800 倍液或 80％戊唑醇水分散粒剂 4 000～5 000倍液或 10％苯醚甲环唑水分散颗粒剂 1 000～1 500 倍液等。

（2）虫害　猕猴桃的主要虫害有桑白盾蚧、地老虎、金龟子、叶蝉等。介壳虫类可在若虫孵化期用 25％噻嗪酮可湿性粉剂 1 000～1 500倍液或 22％氟啶·虫胺腈悬浮剂 5 000～6 000 倍液防治。地老虎可用 10.5％阿维・噻唑膦颗粒剂，每 667 m² 撒施 1 500～2 500 g。金龟子用 22％噻虫・高氯氟悬浮剂 3 000 倍液或菊酯类杀虫剂喷杀，叶蝉类用 25％噻嗪酮可湿性粉剂 1 000～1 500 倍液或 21％噻虫嗪悬浮剂 4 000～5 000 倍液防治。

5. 大棚避雨栽培 '红阳'猕猴桃采用避雨栽培技术，不仅可避免花期不利天气对授粉的影响，还可以减轻猕猴桃溃疡病的发生，提升果实品质，实现优质、丰产、高效栽培。

（1）大棚架式

连栋钢管大棚：平地可搭建钢管连栋大棚，肩高 3.0 m，顶高 4.2 m，边侧安装手动或电动卷膜通风装置，每 2 畦一个棚，每个小区不超过 5 连栋。

图 14-9　连栋钢管大棚

单体钢管棚：梯田采用单体钢管棚，肩高 2.0 m、顶高 3.3 m，每畦一个棚，两棚之间的间隙与畦沟对应。棚由立柱、拱管和 3 道拉丝组成，立柱与猕猴桃水平棚架共用，拱管采用直径 20 mm 热镀锌管，间距 1.5～2 m。

（2）盖膜与揭膜

盖膜：用 0.03～0.06 mm 农膜覆盖，两头固定在镀锌管上，用压膜带压住农膜，每年宜在萌芽前 10 d 左右盖膜。

揭膜：早熟品种在果实采收后 1 个月左右，阴雨天气减少后揭膜，其他品种在 10 月上旬揭膜。

四、应用成效

通过项目实施，在遂昌县妙高镇苍畈村金火家庭农场建成猕猴桃新品种试验示范基地 2.53 hm²，对引种的'红阳''金艳''黄金果''翠香''金阳'等 15 个猕猴桃品种的物候期、生长结果习性、果实经济性状及适应性等进行了观察记载，并对果实品质进行了测定，从中筛选出'红阳''金艳''翠香''徐香''华特'5 个综合性状优良、适合浙西南山区栽培的品种，并全面掌握了各品种的生长特性、适栽区域和关键栽培技术，进一步优化了浙西南山区猕猴桃品种结构。通过举办技术培训班、现场观摩活动等形式，示范推广适栽猕猴桃品种及大棚避雨栽培、整形修剪、花果管理、土肥水管理、溃疡病防控等配套栽培技术。全县猕猴桃避雨栽培面积达到 175.3 hm²，避免了倒春寒、花期阴雨等灾害性天气的影响。示范基地'红阳'猕猴桃溃疡病发病率从 12.7% 下降到 0.6%，有效控制了病虫害的发生。促进了浙西南山区猕猴桃产业持续健康发展。

'金魁'猕猴桃引进
及高位嫁接早结丰产技术

一、技术背景

丽水市地处浙西南山区，被誉为"浙江绿谷"，生态条件优越，猕猴桃野生资源丰富，非常适合发展猕猴桃产业。2020年全市猕猴桃栽培面积 1 213.3 hm²，其中遂昌县栽培面积达 675.3 hm²，猕猴桃已成为山区农民增收致富的特色产业。目前，丽水猕猴桃种植品种以'红阳'为主，但'红阳'猕猴桃抗病性弱，易感溃疡病，在中高海拔山区种植容易遭受倒春寒冻害，导致产量和果实品质不稳定，严重的造成毁园。如何加快溃疡病为害严重、效益低下猕猴

图 15-1 '金魁'猕猴桃基地

桃园的更新改造，引进、推广适合丽水中高海拔山区种植，栽培管理容易、品质优良的猕猴桃品种，成为丽水猕猴桃产业发展亟需解决的突出问题。'金魁'猕猴桃属美味猕猴桃，是湖北省农业科学院果树茶叶研究所猕猴桃课题组从野生美味猕猴桃中实生选育而来，其果实品质风味良好，耐贮藏性和抗逆性强，丰产性高，特别是对溃疡病有较强的抗性。为此，遂昌县经济作物技术推广中心从湖北引进'金魁'猕猴桃接穗和嫁接苗，进行高位嫁接和嫁接苗种植，探索猕猴桃高位嫁接早结丰产栽培技术，为丽水中高海拔地区改种优良猕猴桃品种提供技术支撑。

二、项目概况

项目来源：《丽水市农业农村局关于下达丽水市农业产业技术创新与推广服务团队 2020 年度工作任务书的通知》（丽农发〔2020〕79 号）
承担单位：遂昌县经济作物技术推广中心、遂昌蔡溪果蔬专业合作社
实施地点：遂昌县蔡源乡大柯村、叶村
实施时间：2020 年 1 月至 2021 年 12 月
建设内容：'金魁'猕猴桃在高海拔山区引种及高位嫁接技术试验示范

三、技术要点

（一）嫁接苗栽植技术

1. 栽植时间和密度　2 月下旬气温回暖后按行株距 4 m×3 m 进行定植，每 667 m^2 栽植 55 株。
2. 栽植方法　挖好定植沟，在沟内按每株 50 kg 的量施入经无害化处理的有机肥，分层填埋，回填后沟内土层应高出畦面 25～30 cm，用表土或其他肥土均匀拌入 0.5 kg 钙镁磷肥，做成龟背状。定植前剪去苗木损伤的根系，对长度 30 cm 以上的根进行适当

短截。栽种时要注意保持根系舒展，用细肥土填入根间隙，边填边揿实，苗木嫁接口应高出土面，浇透定根水，并在树盘周围覆盖塑料薄膜或防草布，起到保湿、防杂草的作用。

图 15-2　苗木栽植

3. 栽后管理

（1）主干培养　萌芽后选留最粗壮的一个新梢，作为主干培养。同时，及时抹除嫁接苗基部抽发的萌蘖。

（2）牵引上架　定植后在距离苗木根部 10 cm 处立直径 1.5～2 cm、高 1.8～2 m 的小竹竿，将新梢牵引上架。

（3）薄肥勤施　当新梢长到 30 cm 后开始施肥，尽量做到少量多次，每次株施高氮复合肥 25～30 g，每 12～15 d 施 1 次，8 月中旬后停止施肥。

（4）整形修剪　采用单主干上架，在主干接近架面下 20 cm 处留 2 个健壮新梢，培养为 2 个主蔓，呈反方向交叉分别沿中心钢丝伸展；主蔓的两侧每隔 30～40 cm 留一个结果母枝，结果母枝与行向呈直角固定在架面上。

图 15-3　一干两蔓整形

（5）病虫防治　重点做好溃疡病、褐斑病、炭疽病和叶蝉、金龟子、桑白蚧等病虫害的防治。

（二）高位嫁接技术

将溃疡病严重的'红阳'猕猴桃利用实生萌蘖高位嫁接为'金魁'猕猴桃，进行品种更新改造。嫁接当年两个主蔓即可上架，能较快形成丰产形树冠，达到早结丰产的目的。

1. 硬枝嫁接技术　高位嫁接前一年，把需更新改造的'红阳'猕猴桃回缩修剪至嫁接口，促使萌发粗壮实生砧木，保留抽发的实生萌蘖1～2条，用小竹竿牵引向上生长，高度达到80 cm进行摘心，使其加粗、充实生长。对生长细弱的萌蘖，及时摘心，促其加粗、加快生长。第二年2月上旬至2月下旬伤流前进行嫁接，选取'金魁'猕猴桃优株冬季修剪下的枝条作为接穗，一般采用切接法，即先在接穗下端稍露木质部削2～3 cm长的削面，然后在削面背面呈 45°角削断，在高接砧枝选光滑面，由上向下稍露木质部削切长度为 3~3.5 cm 的切口，然后将削离的外皮切除 2/3 长，插入接芽并对准形成层，用薄膜条包扎好即可。

图 15-4　硬枝嫁接

2. 嫩枝嫁接技术　当年抽发的实生萌蘖在 4 月下旬至 5 月上旬进行摘心，待 5 月下旬至 6 月上旬实生萌蘖半木质化时进行嫁接，采用当年生、半木质化的'金魁'猕猴桃优株枝条作为接穗，嫁接方法与硬枝嫁接相同。

3. 接后管理　接芽成活后，要将发出的嫩枝在母枝上用塑料绳绑成活结，以防枝条被风吹折，并用小竹竿牵引上架，新梢生长 3 个月左右，可及时解除绑扎物。同时，加强土肥水管理，防治病害及金龟子等害虫，促使植株及早进入结果期。

四、应用成效

项目基地位于遂昌县蔡源乡大柯村和叶村，海拔 760~930 m。于 2020 年 2 月至 2021 年 2 月从湖北引进'金魁'猕猴桃接穗和嫁

接苗，在蔡源乡大柯村新建'金魁'猕猴桃苗木种植示范基地
0.67 hm²，在蔡源乡叶村建成'金魁'猕猴桃高位嫁接换种示范基
地1.47 hm²，同时，嫁接'金魁'猕猴桃专用雄株授粉树117株。
目前，新建基地和高位嫁接基地苗木生长健壮，部分植株2021年
已少量挂果。

图15-5　初投产树

'红阳'猕猴桃提质增效栽培技术

一、技术背景

截至 2016 年底，丽水市龙泉市水果面积 934 hm^2，其中猕猴桃 100 hm^2，占水果总面积的 10.7%。城北乡是龙泉市猕猴桃分布重点乡镇，全乡现有猕猴桃面积 60 hm^2，占全市猕猴桃总面积的 60%，品种除'红阳'猕猴桃外，近年来又陆续引进'金艳''徐香''翠香''黄金果'等品种。全市现有猕猴桃专业合作社 5 家、家庭农场 16 家，龙泉市红心果菜专业合作社生产的"浙红牌"'红阳'猕猴桃在当地具有一定的知名度，每 667 m^2 收益达到 1 万元以上。但在猕猴桃产业发展过程中，还存在着标准化生产水平低、溃疡病频发、精品果率低等问题，制约了猕猴桃产业的发展。为针对性解决以上突出问题，龙泉市经济作物站在龙泉市城北乡东书村、皂口村、河坑塘村开展了'红阳'猕猴桃提质增效技术研究，创建'红阳'猕猴桃提质增效技术应用示范点，集成'红阳'猕猴

图 16-1　国家级金奖猕猴桃基地

桃提质增效关键技术。

二、项目概况

项目来源：浙江省农业厅关于印发《浙江省茶叶、水果、畜牧、花卉、蚕桑、中药材产业技术项目实施方案（2016—2018年)》的通知（浙农科发〔2016〕17号）

承担单位：龙泉市经济作物站、龙泉市红心果菜专业合作社

实施地点：龙泉市城北乡东书村、皂口村、何坑塘村

实施时间：2016年8月至2018年8月

建设内容：红阳猕猴桃提质增效技术示范推广

三、技术要点

（一）避雨栽培技术

'红阳'猕猴桃应用避雨栽培技术，不仅可避免花期不利天气对授粉的影响，还可以减轻猕猴桃溃疡病的发生，提升果实品质，

图 16-2　钢架避雨棚

105

实现优质、丰产、高效栽培。示范基地采用连栋钢架避雨棚，肩高3.0 m，顶高4.2 m，边侧安装手动或电动卷膜通风装置，每2畦一个棚，每个小区不宜超过5连栋。顶膜用0.03～0.06 mm农膜覆盖，两头固定在镀锌管上，用压膜带压住农膜。每年宜在萌芽前10 d左右盖膜，果实采收后1个月左右，阴雨天气减少后揭膜。棚内配套安装喷滴灌设施，保障供水。

（二）"一干两蔓"整形技术

定植苗新梢长至5 cm时，选留1个健壮新梢作为主干培养，并及时牵引上架，当新梢生长至架下10 cm高时，剪去顶端10 cm长的新梢，促其加粗生长并分枝，选留顶端抽发的2个粗壮副梢作为主蔓培养，主蔓上架后按种植行方向绑缚在中心钢丝上，当2个主蔓与相邻植株的主蔓相接时，进行摘心，促其加粗生长。2个主蔓上抽发的新梢每隔30～40 cm选留1个。冬季修剪时，在两株树的主蔓头处短截，每个主蔓选8～10个向两侧分布均匀、生长健壮的营养枝和结果枝作为下一年的结果母枝，选留的结果母枝留8～10个芽短截，然后均匀绑缚在架面上。

（三）疏果控产技术

'红阳'猕猴桃盛花期一般在4月上中旬，需在初花期、盛花期、末花期各人工授粉一次。雌花应在开放后2～3 d内完成授粉，以上午9～11时授粉效果最好，阴天可全天授粉。谢花后15～20 d开始疏果，疏去授粉受精不良的畸形果、病虫果和小果，留大果、果形端正的果。在1个结果枝上疏基部和顶部的果，留中、上部果，同一结果部位，疏两边的果。根据结果枝的强弱，调整留果数量，生长健壮的长果枝留3～5个果，中庸的结果枝留2～3个果，短果枝留1～2个果，同时注意全树的留果量，成龄园每平方米架面留果35～45个，每667 m² 产量控制1 500 kg左右。

图 16 - 3　人工授粉

（四）土肥水管理技术

结果树年施肥 4 次。第一次（芽前肥），在萌芽前 15 d，每 667 m² 施氮、磷、钾复合肥 40 kg、硼砂 1.5 kg，开环状沟浅施覆土；第二次（壮果肥），于谢花后 15 d，每 667 m² 施高钾复合肥 40 kg、硫酸钾 20 kg，开放射状沟浅施覆土；第三次（采后肥），果实采收后，每 667 m² 施氮磷钾复合肥 20 kg，畦面撒施，浅垦入土；第四次（基肥），11 月上旬，每 667 m² 施菜籽饼肥 0.5 t 或羊粪肥 1 t，加钙镁磷肥 50 kg，于植株两侧开深 40 cm、宽 30 cm 的条状沟施入。此外，根据'红阳'猕猴桃生长及花、果发育情况，喷施叶面肥 2～3 次，开花前 2～3 d 喷 1 次 0.2％磷酸二氢钾＋0.2％硼砂溶液，果实膨大期喷 1～2 次 0.2％磷酸二氢钾＋0.2％尿素溶液。

图 16-4　套种绿肥

　　猕猴桃喜湿润、惧干旱、怕水涝，园地内外四周要做到沟渠相连、排水畅通，当园内发生积水时要及时排水，避免造成根系腐烂，甚至植株死亡。采用生草栽培，高温来临前，对行间生草或绿肥进行刈割覆盖树盘保湿，遇到连续高温干旱天气，利用灌溉设施浇水抗旱。

图 16-5　滴灌抗旱

（五）病虫防控技术

冬季修剪后，及时清除园地内的枯枝落叶及病虫枝，全园喷洒
3～5 波美度石硫合剂，消杀越冬病原；萌芽后至展叶期选用 20％
噻菌酮悬浮剂 600 倍液或 20％噻唑锌悬浮剂 800 倍液洗澡式喷雾
树体 2 次防治溃疡病；开花前选用 50％异菌脲可湿性粉剂 1 500 倍
液或 50％腐霉利可湿性粉剂 500 倍液＋6％春雷霉素可湿性粉剂
500 倍液或 3％中生菌素可湿性粉剂 600 倍液喷雾，防治灰霉病和
花腐病；幼果期选用 25％吡唑醚菌酯乳油 2 000 倍液或 60％唑
醚·代森联水分散粒剂 1 500 倍液＋10％吡虫啉可湿性粉剂 3 000 倍
液或 5.7％氟氯氰菊酯乳油 2 000 倍液喷雾，防治褐斑病、叶蝉、
金龟子等；果实膨大期选用 80％代森锰锌可湿性粉剂 800 倍液或
60％唑醚·代森联水分散粒剂 1 500 倍液＋25％噻嗪酮可湿性粉剂
1 500 倍液或 20％甲氰菊酯乳油 3 000 倍液喷雾，防治褐斑病、黑
斑病、介壳虫、金龟子等；果实采收前 20 d 喷 70％甲基硫菌灵可
湿性粉剂 1 000 倍液防治褐斑病、黑斑病、果实软腐病；果实采收
后至落叶前喷 20％噻菌酮悬浮剂 500 倍液＋20％噻唑锌悬浮剂 600
倍液＋10％吡虫啉可湿性粉剂 2 500 倍液 1～2 次。

（六）适时采收技术

适时采收是确保'红阳'猕猴桃果实品质的关键，采收过早，
果实还未完全成熟，品质较差，而采收过晚，果实硬度下降，容易
造成机械伤，果实衰老快，不耐贮藏。一般'红阳'猕猴桃果实可
溶性固形物含量达到 6.5％以上时即可采收。雨天和雨后或露水未
干的早晨及中午太阳直射高温时，不宜采收。采收时应戴上手套，
轻采轻放，分期分批采收。

四、应用成效

通过项目实施，在龙泉市城北乡东书村、皂口村、何坑塘村

建成'红阳'猕猴桃提质增效示范基地 6.67 hm²，示范推广'红阳'猕猴桃避雨栽培、一干两蔓、疏果控产、土肥水管理、病虫防控等提质增效集成技术。示范基地每 667 m² 产值达 2.12 万元，净收益 1.69 万元，经济效益显著。同时，在技术关键农时，组织举办培训班 3 期、现场观摩会 3 期，培训农户、农技人员 151 人次，发放技术资料 1 300 余份，促进了猕猴桃提质增效技术的推广应用。

图 16 - 6　全国金奖猕猴桃奖牌

　　项目实施主体城北乡家强家庭农场选送的'红阳'猕猴桃在全国评比中脱颖而出，荣获"首届全国优质猕猴桃"金奖，是浙江省参评红心类猕猴桃唯一金奖获得者。

嵊州桃形李防裂果栽培技术

一、技术背景

嵊州桃形李原产浙江省嵊州市，属蔷薇科李属落叶小乔木，其果实心形似桃，平均单果重 41.5 g，最大果重 141.0 g，成熟果实果面红色，上被白色果粉，果肉紫红色，肉质松脆爽口，纤维少，风味甜，有香味，可溶性固形物含量高达 17％以上，品质极佳，有"江南名果"之美誉。然而，嵊州桃形李果实转色成熟一般在 6 月下旬至 7 月上旬，此时正值该品种的裂果敏感期，又恰逢梅雨季

图 17-1　嵊州桃形李裂果现象

节，高温晴雨交替，极易形成大量裂果，严重的年份裂果率高达80％以上。裂果发生后，容易被病虫侵染，引起果实腐烂，导致减产减收。因此，探索嵊州桃形李新的栽培模式，以防止或减轻裂果，提高嵊州桃形李的产量、品质和效益，成为生产上亟需解决的问题。龙泉市科教与农作物服务站在龙泉市剑池街道曾家村刘建伟家庭农场开展3种不同模式桃形李防裂果栽培技术试验研究，以期为桃形李优质高效栽培提供参考。

二、项目概况

项目来源：《丽水市农业农村局关于下达市农业产业技术创新与推广服务团队 2021 年度"双强"项目任务书的通知》（丽农发〔2021〕115 号）

承担单位：龙泉市科教与农作物服务站、龙泉市刘建伟家庭农场

实施地点：龙泉市剑池街道曾家村高塘

实施时间：2020 年 9 月至 2021 年 11 月

建设内容：嵊州桃形李防裂果技术试验研究

三、技术要点

（一）设施避雨栽培技术

1. 园地选择　因地制宜搭建大棚，一般选择光照良好的南坡或东南坡、缓坡地及无强风影响的园地为好，不宜在坡度大的园地及风口处搭建大棚。

2. 设施搭建　试验地为缓坡山地，依据地势呈阶梯式搭建双卷膜全天窗热镀锌管连栋钢架大棚，长 52 m、宽 24 m，肩高 3.8～4.4 m，顶高 5.3～6.8 m，3 连栋，单栋宽 8 m，树冠顶部与棚顶保持 1.5～2.0 m 距离。分上、下两段安装卷膜装置，下面的往中间卷，中间的往顶上卷，打开后全天窗。连栋大棚四周建排水沟

渠，防止成熟期雨水通过土壤渗入棚内。配套安装喷滴灌设施，保障供水。

图 17 - 2　设施避雨大棚栽培

3. **大棚覆膜**　大棚薄膜选择高透光、无雾滴、无尘、无毒的聚乙烯膜（PE）为宜，规格为 0.12 mm。大棚覆膜时间一般为 6 月上旬至 7 月底，选择无雨、无风或微风时覆膜，防止强对流天气对大棚的破坏，采后及时卷膜固定，一般可重复使用 3～5 年。

4. **温度调控**　棚内温度调控主要通过卷膜通风来实现，在棚顶与树冠顶部之间悬挂 1 支温湿度计，以便观察棚内温湿度变化。当棚内温度升至 32 ℃以上，卷起顶膜通风降温，遇雨天及时盖膜。

5. **光照调控**　大棚内光照强度较露地弱。合理栽植密度，科学整形修剪，使树体处于通风透光状态。晴天可卷起顶膜增加光照度，转色期地面覆盖银黑双色反光地膜，增加散射光，利于树冠下部果实转色成熟。

（二）地膜覆盖栽培技术

1. 园地清理 覆盖地膜前将园地清理干净，铲除杂草，捡拾树枝、石块，否则，容易造成薄膜损坏，影响覆膜效果和薄膜的使用寿命。同时，疏通园地四周的排水沟渠，确保排水通畅。

图 17-3 地膜覆盖防裂果

2. 覆盖方法 果实采收前 30 d 用规格为 0.1 mm 的塑料薄膜覆盖园地，覆盖时先将地膜一边压住，再将对应树干的另一边膜横向剪开约 1/2 宽，使其通过树干，再用土压住地膜切口处和膜边。

（三）绿肥套种栽培技术

试验表明，光叶苕子是山地果园套种最佳的绿肥品种之一，其主要种植技术：

1. 园地整理 播种前先清除果园杂草，翻松土壤（离树冠主干 100 cm），疏通园地四周的排水沟渠，以防雨季积水。

2. 种子处理 为提高发芽率，播种前 1～2 d 进行晒种，然后用 50～60 ℃温水浸种 3～5 h 捞出，在阴凉处沥干或晾干。

3. 适时播种 9 月中下旬至 10 月中下旬是最佳的播种时间，每 667 m² 播种量 2.5～3 kg，将种子和细沙按 1：3 的比例混合均匀进行撒播，覆土厚度一般为 3～4 cm。若遇干旱天气，播种后及时喷水。

4. 合理施肥 光叶苕子对磷反应敏感，宜作基肥施用，播种时每 667 m² 用 15～25 kg 钙镁磷肥拌种或撒施。肥力较差的地块，或出苗后光叶苕子长势差的，每 667 m² 撒施尿素 5 kg，促使幼苗生长。

图 17-4 套种绿肥光叶苕子

（四）配套栽培管理技术

1. 树体管理 为了便于生产管理，采用矮化自然丛状开心形修剪为宜，一般树冠高度控制在 3.0 m 左右，最高不超过 3.5 m。夏季修剪一般可进行 3 次，第一次在谢花后疏去过密的枝梢。第二次在 4～5 月对密生的新梢进行多次除萌和疏梢，以调节树势，减少梢果矛盾。第三次在采果后疏去树冠外围和上部密生的枝条，改善通风透光条件，提高光合作用能力，提高花芽质量；冬季修剪一般在 12 月至翌年 2 月进行，重点对衰老结果枝进行回缩修剪，一般在基部留 10 cm 左右进行短截，促其抽生强壮的新梢，培养新的结果枝。对旺长树疏除一些短果枝，多保留花束状果枝，尽量让果实挂在主枝上或较粗的副主枝上。

图 17 - 5　疏夏梢

2. 疏果控产　疏果分 2 次进行，第一次在谢花后 20 d（4 月中旬），疏去密生果、小果、劣果、病虫果。第二次在谢花后 30 d（4 月底第二次生理落果的果实变色期），再次疏去小果、劣果，花束状果枝留 1～2 个果，短果枝留 1 个果，中果枝留 2～3 个果，长果枝留 4～5 个果。

图 17-6　疏　果

3. 科学施肥　全年施肥 4～5 次。第一次为 2 月底花前肥，株施硝酸铵钙 0.15～0.25 kg。第二次为 4 月初保果肥，株施芭田高

图 17-7　开沟施肥

塔硫酸钾型复合肥（氮 17：磷 17：钾 17）0.2 kg＋脉素特微量元素肥料 0.1 kg。第三次为 5 月中旬壮果肥，株施 1％含腐殖酸水溶肥（氮 10：磷 5：钾 35）5 kg。第四次为 8 月中旬采后肥，株施 1％亲土 1 号生物能水溶肥（氮 19：磷 19：钾 19）5 kg。第五次为 10～11 月过冬肥，株施菜饼肥 2～2.5 kg＋商品有机肥 20 kg＋氮磷钾（15：15：15）复合肥 0.5 kg。另视树体果实生长需要，适当用叶面肥进行根外追肥 3 次。4 月下旬喷 0.2％磷酸二氢钾＋0.3％含氨基酸水溶肥，5 月上旬喷 0.3％含氨基酸水溶肥，6 月中旬喷 0.2％磷酸二氢钾。

4. 病虫防治 桃形李病虫害主要有细菌性穿孔病、炭疽病、褐腐病、缩叶病、李小食心虫、蚜虫、桑白盾蚧、椿象、金龟子等。12 月下旬冬季修剪后，及时清除园地内的枯枝落叶及病虫枝，全园喷洒 5 波美度石硫合剂，消杀越冬病源菌。2 月初萌芽前喷 3 波美度石硫合剂。3 月中旬花谢 3/4 时喷 25％吡唑醚菌酯乳油 1 000 倍液＋0.5％小檗碱（靓果安）水剂 300～400 倍液＋10％吡虫啉可湿性粉剂 1 500 倍液＋1.8％阿维菌素乳油 1 500 倍液。4 月中旬幼果期喷 20％噻唑锌悬浮剂 800 倍液＋1.8％阿维菌素乳油 1 500 倍液＋25％噻虫嗪水分散粒剂 1 000 倍液。5 月中旬喷 5％虱螨脲悬浮剂 400 倍液＋25％噻虫嗪水分散粒剂 1 000 倍液＋0.5％小檗碱（靓果安）水剂 300～400 倍液＋20％噻唑锌悬浮剂 800 倍液。6 月上旬喷 25％吡唑醚菌酯乳油 1 000 倍液＋0.5％小檗碱（靓果安）水剂 300～400 倍液＋5.7％氟氯氰菊酯乳油 1 500 倍液＋1.8％阿维菌素乳油 1 500 倍液。

四、应用成效

项目以十一年生的嵊州桃形李为试材，研究设施避雨栽培、地膜覆盖栽培、套种绿肥栽培 3 种不同的栽培模式下桃形李果实的裂果、品质及经济效益情况。试验结果表明，设施避雨栽培可有效解决桃形李果实成熟转色期遇雨造成严重裂果这一技术难题，确保产量和果实品质的稳定性。由于受光照、温度的影响，设施避雨栽培较露地栽培果实延迟 6～10 d 成熟，可以延长果实采收期，有利于果品的销售。

图 17-8　设施避雨栽培结果状

　　设施避雨栽培模式投入成本较高，对地形有一定的要求，有条件的果园可适度规模推广；地膜覆盖栽培和绿肥套种栽培模式相对投入成本低、操作简易，可一定程度上减轻嵊州桃形李果实裂果问题，适合于山地果园。山地桃形李园套种绿肥光叶苕子，不仅可以以草防草抑制杂草生长，增加土壤有机质含量，6～7 月地面覆盖着一层干枯的草，具有较好的吸水作用，还可减少渗透到根系的雨水量，对减轻裂果具有较好的作用，值得广泛推广应用。

山地果园以草防草适栽草种
及配套栽培技术

一、技术背景

长久以来，果园除草一直是困扰广大果农的生产难题，人工生产成本不断上涨，以及除草剂长期使用给果园带来的危害日渐显现。如何通过安全、生态、健康的栽培方式，既可降低果园生产成本，又能减少化肥、农药使用，提升果园环境质量和果品品质，成为水果生产上亟待解决的一个重要课题。为探索山地果园以草防草栽培新技术，庆元县农业产业服务中心在庆元县竹口镇黄坛村现代水干果园区开展了山地果园套种不同绿肥草种适应性、防草性能及对果园的环境影响等试验研究，筛选出适合山地果园种植的以草防草适栽绿肥品种，创建山地果园以草防草技术研究示范点，示范推广适栽绿肥品种的栽培技术。

二、项目概况

项目来源：《丽水市农业局关于下达丽水市农业产业技术创新与推广服务团队 2019 年度工作任务书的通知》（丽农发〔2019〕57 号）

承担单位：庆元县农业产业服务中心、庆元县枫树垄家庭农场

实施地点：庆元县竹口镇黄坛村（现代水干果园区内）

实施时间：2019 年 1 月至 2020 年 12 月

建设内容：山地果园以草防草草种筛选及配套栽培技术示范

三、技术要点

（一）鼠茅草的特性及栽培技术

1. 特性　鼠茅草为一年生禾本科植物，耐严寒而不耐高温，根系深达 30 cm，最深可达 60 cm，且根生密集，地上部呈丛生线状针叶生长，针叶长达 60～70 cm，匍匐生长，针叶厚度可达 20～30 cm，经测算，每 667 m² 干物质重量可以达到 879.12 kg。9～10 月种子萌发生长，越冬，入夏后连同根系枯死倒伏，枯草厚度在 7 cm 左右，不易点燃，翌年免耕免播，成熟时脱落的草种自然萌发。鼠茅草具有自然倒伏无需刈割覆盖的特性，其秸秆可快速腐烂降解为优质的有机质，秸秆分泌物可抑制杂草生长，对果园土壤改良和可持续发展具有积极的作用。

图 18-1　鼠茅草　　　　图 18-2　鼠茅草毛细根

2. 栽培技术

（1）整地播种　播种前先清除果园杂草，翻松土壤（离树冠主干 100 cm）。以 9 月下旬至 10 月上旬播种最为适宜，为提高出苗率，播后需保证土壤湿润。每 667 m² 播种量为 1～1.5 kg，将种子和细沙按 1∶10 的比例混合均匀进行撒播，然后用铁耙或竹耙耙一遍，覆土厚度要薄，一般在 1～2 cm，镇压要实，使种子融入土中，防止种子吊干。

（2）合理施肥　翌年 3～5 月为鼠茅草旺长期，春季返青后（2月左右）要及时追肥，每 667 m² 撒施尿素 10～30 kg，促进鼠茅草早发快长，尽快覆盖地面，抑制其他杂草发芽。应特别注意，成龄果园尿素施用量要适当控制，以免影响产量和果品品质。

（二）光叶苕子的特性及栽培技术

1. 特性　光叶紫花苕子为豆科一年生草本植物，匍匐蔓生，主根发达，侧根多，密集在 30 cm 表土层，出苗后 10～15 d 根部形成根瘤，单株根瘤多达 50～1 000 个。适应性强，具有耐酸、耐碱、耐寒、耐旱、耐瘠薄的特性。同时，具备须根吸收能力强、根瘤菌固氮能力强、主茎分枝能力强、地表覆盖率高、鲜基养分含量高等优点，可作为开垦生荒地的先锋作物，有良好的压制杂草及改良土壤效果。

图 18-3　光叶苕子

2. 栽培技术

（1）园地整理　播种前先清除果园杂草，翻松土壤（离树冠主干 100 cm），疏通园地四周的排水沟渠，以防雨季积水。

（2）种子处理　为提高发芽率，播种前 1～2 d 进行晒种，然后用 50～60 ℃温水浸种 3～5 h 捞出，在阴凉处沥干或晾干。

（3）适时播种　9 月中下旬至 10 月中下旬是最佳的播种时间，每 667 m² 播种量 2.5～3 kg，将种子和细沙按 1∶3 的比例混合均匀进行撒播，覆土厚度一般为 3～4 cm。若遇干旱天气，播种后及时喷水。

（4）合理施肥　光叶苕子对磷反应敏感，宜作基肥施用，播种时每 667 m² 用 15～25 kg 钙镁磷肥拌种或撒施。肥力较差的地块，或出苗后光叶苕子幼苗长势差的，每 667 m² 撒施尿素 5 kg，促使幼苗生长。

（三）百喜草的特性及栽培技术

1. 特性　百喜草为多年生禾本科植物。具粗壮、木质、多节的根状茎。秆密丛生，高约 80 cm。地下茎粗壮，根系发达。百喜草对土壤要求不严，耐旱性、耐暑性极强，耐寒性尚可，耐阴性强，茎生叶多而耐践踏，匍匐茎发达，覆盖率高，养护管理简单，是山地果园优良的道路护坡、水土保持和绿化植物。

2. 栽培技术

（1）育苗移栽　百喜草种粒小，成功种植的关键是集中育苗后

图 18-4　护坡种植百喜草

移栽。以春季 3 月平均气温达 15 ℃以上的湿润天气播种最为适宜，播种后若遇干旱天气应及时喷水，以保持表层土壤的湿润。百喜草苗期生长缓慢，与杂草竞争力弱，播种前后应特别注意防除杂草。当小苗 4～5 片真叶时移栽至需植草地方，移栽规格 20 cm×50 cm，每穴 3～4 株小苗。

（2）及时施肥　种植第一年的 5 月中旬至 8 月上旬，每隔 15～20 d 施 1 次磷钾肥和少量氮肥，促进其生长发育。

（3）种子采收　8 月中下旬，当百喜草部分种子转为黄白色，即可对种子进行分批采收。

四、实施成效

项目从 2016 年开始陆续引进鼠茅草、箭筈豌豆、光叶苕子、印尼大绿豆、百喜草、紫云英、矮杆油菜、黄花苜蓿、黑麦草等 9 个草种，在庆元县竹口镇黄坛村现代水干果园区幼龄甜橘柚基地建成面积 6 670 m² 的以草防草试验示范点。观察记载各品种特性、生理病害、防草性能、干物质量等，初步筛选出鼠茅草、光叶苕子、百喜草 3 个适合山地果园种植的绿肥草种。鼠茅草、光叶苕子具有良好的压制杂草及改良土壤的效果，非常适合山地果园套种。百喜草耐旱性、耐踏性强，覆盖率高，养护管理容易，非常适合山地果园边坡种植。通过项目的示范推广，大大减少了除草剂等投入品在果园的使用，改善了果园的生态环境，提高了果品品质，达到了减药增肥增效的效果，具有重要的社会、经济和生态效益。

精品果园篇

丽水市丽白枇杷产销专业合作社

基地地址：莲都区太平乡下吞村

基地规模：18.7 hm²

种植品种：枇杷

基地简介：

图 19-1　基地全景

精品枇杷示范基地始建于 2009 年，位于丽水市莲都区太平乡下吞村，全村枇杷面积 86.7 hm²，其中精品基地 18.7 hm²，是丽水市种植最为集中、规模最大的枇杷专业村，为"丽水白枇杷"地方优良单株最早产区和丽水市最大的白枇杷生产基地，也是浙江省地方优良枇杷单株保存最为完整的种质资源圃之一，具有"枇杷基因库"之称。

127

图 19 - 2 智能化枇杷大棚

　　2016 年合作社建成全省第一个枇杷智能温室大棚，解决了枇杷生产冻害、裂果和日灼三大问题，2020 年智能大棚扩大面积，2021 年开始探索枇杷智能补光增产提质技术，技术上得到显著提升。合作社数字化管理走在全省前列，在枇杷产业品质化升级的道路上不断强化科技强农、机械强农力量，为山区县共富事业新篇章树立起现代农业标杆，在全省乃至全国具有较强影响力。

图 19 - 3 游客采摘

合作社是丽水市水果产业协会会长单位、丽水市乡村振兴贡献人物成员单位、浙江省示范性农民专业合作社、国家农民合作社示范社，围绕枇杷特色产业，标准化生产，规范化经营，注册"丽白"商标，枇杷生产、包装、销售一体化，果品品质佳，通过绿色食品认证，质量安全可追溯，且销售逐年拓展，果品供不应求，常年均价 30 元/kg，优质果 60 元/kg，同时拓展"枇杷花""枇杷膏"副产品，实现创收，年产值 480 万元，极大带动了当地农民增收和乡村产业振兴。

图 19 - 4　'丽白'枇杷

基地'宁海白''太平白'枇杷曾获莲都区枇杷评比一等奖、丽水十佳枇杷之冠、浙江省农业吉尼斯枇杷擂台赛三等奖、全国枇杷学术年会"太湖东山杯全国十大优质枇杷"等荣誉，同时融合农旅，发展休闲采摘，影响力不断提升，浙江省科技频道、中央电视台《农广天地》栏目等媒体都特别报道了基地枇杷生产致富节目。2020 年基地被评为浙江省种植业"五园创建"精品果园省级示范基地。

丽水市雨露果蔬专业合作社

基地地址：莲都区碧湖镇碧一村
基地规模：14 hm²
种植品种：葡萄、柑橘（'红美人''春香'）等
基地简介：

图 20-1　基地入口

精品果园示范基地建于 2015 年 2 月，位于莲都区碧湖镇碧一村"国家农业综合开发现代农业园区"内，占地面积 20 hm²，其中水果种植面积 14 hm²，水、电、路等配套设施完善，建有生产管理用房、冷库、加工车间、农产品展示区、培训教室等设施。

图 20-2　'红美人'基地

　　基地种植的水果品种有'阳光玫瑰''巨峰'等葡萄和'红美人''春香'等柑橘，全部采用大棚设施栽培，全园水肥一体化，高起垄，全面推广增施有机肥、控产提质、果实套袋、肥水调控、病虫害绿色防控等标准化生产技术，生产的"莲丰享"牌产品通过无公害农产品认证。

图 20-3　休闲娱乐区

庄园内建有生态接待中心、养生生态餐厅、儿童游乐区、休闲娱乐区、水上乐园、垂钓园、生态绿色长廊等休闲娱乐设施。

图 20 - 4　产品展示

莲丰享庄园是集果蔬种植及自助采摘、生态养生餐饮、团建休闲娱乐、亲子拓展活动、农业科普研学、农旅产品深加工、果酒研发于一体的综合性生态农业科技观光休闲园，是丽水农业科技示范展示基地、丽水疗休养基地、研学实践教育基地，丽水职业高级中学实训基地，丽水职业技术学院园艺生产性实训基地，丽水市高品质绿色科技示范基地，浙江省种植业"五园创建"精品果园省级示范基地。

丽水市申屠农产品专业合作社

基地地址：莲都区老竹畲族镇曳岭脚村
基地规模：11 hm^2
种植品种：柑橘（'红美人''春香'）、桃等
基地简介：

图 21-1　设施水果基地

精品果园示范基地建于 2014 年，位于莲都区老竹畲族镇曳岭脚村，种植面积 11 hm^2，其中大棚设施栽培面积 3.5 hm^2，种植的水果品种有'红美人''春香''金秋沙糖橘'和'翠玉梨'以及早熟桃、大樱桃等。基地内道路、管理房、果品分级包装、灌溉等基础设施完善。

图 21-2 '红美人'柑橘

基地全面推广控产提质、优质羊粪还田、病虫害绿色防控等标准化生产技术，严格控制农药用量和采收安全间隔期，健全农产品质量安全全程可追溯制度，产品通过了无公害农产品认证。

图 21-3 '春香'柑橘

　　基地采用水果种植与畜牧养殖相结合的生态循环发展模式，全力打造生态循环农业和休闲观光养生农业示范基地，建成肉羊养殖基地 6.7 hm²，年存栏肉羊 300～400 头。同时，注重产品营销宣传，对接上海、杭州等大都市高端市场，效益明显，其中'红美人'柑橘精品果售价达 70 元/kg，每 667 m² 产值 5 万元以上，果品质量在丽水同类产品中居于前列，有较高的知名度。2019 年被评为浙江省种植业"五园创建"精品果园省级示范基地。

龙泉市昌根水果专业合作社

基地地址： 龙泉市八都镇高大门村
基地规模： 9.3 hm²
种植品种： 葡萄、猕猴桃、西瓜等
基地简介：

图 22-1　基地入口

　　精品果园示范基地始建于 2015 年，位于龙泉市八都镇高大门村，种植面积 9.3 hm²，水果种类有葡萄、猕猴桃、西瓜、枇杷、桃、柑橘等，其中葡萄品种有'巨峰''夏黑''寒香蜜''阳光玫瑰'等，基地年产葡萄、柑橘等果品 100 t，年产值 120 万元。

图 22 - 2　夏黑葡萄

合作社为浙江省水果产业协会会员单位、丽水市水果产业协会副会长单位、龙泉市水果产业协会会长单位，2020 年被评为丽水市级示范性农民专业合作社，葡萄、西瓜等果品通过了无公害农产品认证，基地生产的红阳猕猴桃获 2019 年丽水十佳猕猴桃评比最佳风味奖，"高大门西瓜"获 2021 年浙江精品西瓜评比银奖。

基地内道路、灌溉、果品分级包装、产品展示

图 22 - 3　西瓜长廊

厅、瓜果观光长廊等设施齐全，建有钢架大棚 4.8 万 m²，其中连栋钢架大棚 1.7 万 m²。生产过程全面推广标准化、设施化、现代化栽培模式，全力打造集水果采摘与休闲观光为一体的农旅融合精品示范果园，示范带动当地水果产业发展，促进了农业增效、农民增收。先后被评为浙江省高品质绿色科技示范基地、浙江省种植业"五园创建"精品果园省级示范基地、浙江省优秀示范果园。

浙江龙泉阳光农业有限公司

基地地址： 龙泉市兰巨乡省级现代农业观光园

基地规模： 20.3 hm²

种植品种： 柑橘类（'甜橘柚''红美人''明日见''大分'等）

基地简介：

图 23-1　基地全景

精品柑橘示范基地始建于 2004 年，位于国家 AAA 级旅游景区龙泉市兰巨乡省级现代农业观光园内，距百山祖国家森林公园（龙泉）主入口 1 km，为龙泉市到龙泉山和武夷山两条黄金旅游线的必经之地，交通便捷，地理位置优越。核心基地面积 20.3 hm²，主栽品种有'甜橘柚''红美人''明日见''大分'等柑橘，其中甜橘柚面积 15.1 hm²，年产精品柑橘 200 t，年产值 200 余万元。

图 23 - 2　'甜橘柚'结果树

　　基地生产过程全面推广有机肥应用、控产提质、果实套袋、肥水调控、病虫害精准防控等标准化生产技术，生产的"瑞果牌"甜橘柚品质优异，2021 年通过了绿色食品认证。

图 23 - 3　"瑞果牌"甜橘柚

　　近年来，公司利用基地四周环境优美、空气清新、果茶飘香的优势，配套开发农家乐餐饮、住宿和休闲娱乐等项目，并在橘果成熟收获季节，举办采橘、赏橘、品橘、购橘等系列活动，全力打造集农事体验、休闲观光、果品采摘、游乐一体的现代农业生态观光园，基地以采摘游方式销售的果品量占总产量的40％以上。先后被评为浙江省高品质绿色科技示范基地、浙江省种植业"五园创建"精品果园省级示范基地、浙江省优秀示范果园。

青田县平风寨春华家庭农场

基地地址： 青田县瓯南街道平风寨村
基地规模： 20 hm²
种植品种： 杨梅
基地简介：

图 24 - 1　杨梅设施避雨栽培基地

精品杨梅示范基地建于 2003 年，位于青田县瓯南街道平风寨村，基地面积 20 hm²，其中设施避雨栽培面积 10 hm²，主栽品种'东魁'杨梅，基地内路网、电力、水药肥一体化、采后保鲜贮运等设施设备完善，配套建有保鲜贮藏冷库和采后商品化处理车间，实现了采后分级上市、品牌包装销售和全程冷链操作。

示范基地推广应用杨梅设施避雨、矮化栽培、病虫害绿色防控、配方施肥、疏果控产等标准化生产技术，在全省率先推广示范杨梅设施避雨栽培技术模式。基地生产档案完整规范，生产全程可

图 24-2　'东魁'杨梅果实

追溯，上市果品使用二维码和合格证管理制度，通过了绿色食品认证和出口欧盟农产品认证。

图 24-3　"浙江农业之最杨梅擂台赛"颁奖

产品远销北京、上海、杭州等国内大中城市及欧洲市场。先后获"浙江农业之最杨梅擂台赛"'东魁'杨梅综合品质一等奖及可溶性固形物三等奖、"丽水十佳杨梅之冠""丽水十佳杨梅""青田十佳杨梅"等荣誉称号。2018 年被评为浙江省种植业"五园创建"精品果园省级示范基地。

青田县东青杨梅专业合作社

基地地址：青田县三溪口街道白浦村
基地规模：53.3 hm²
种植品种：杨梅
基地简介：

图 25-1　杨梅设施避雨栽培基地

　　精品杨梅示范基地位于全国"一村一品"杨梅示范村——青田县三溪口街道白浦村，基地面积 53.3 hm²，其中设施避雨栽培面积 8 hm²，主栽品种'东魁'杨梅，基地内机耕路、山地运输轨道、灌溉、物理杀虫、采后保鲜贮藏等设施设备完善，合作社建有大小冷库 22 个，实现了杨梅采后冷链分级包装销售。

图 25-2　'东魁'杨梅结果状

　　基地全面推广应用杨梅设施避雨、病虫害绿色防控、配方施肥、疏果控产等标准化生产技术，在全省率先推广示范杨梅大棚促

图 25-3　浙江农业吉尼斯杨梅擂台赛擂主

成栽培和网室栽培两种设施避雨栽培技术模式。基地生产档案完整规范，生产全程可追溯，上市果品使用二维码和合格证管理制度，通过了绿色食品认证和出口欧盟农产品认证。

"东青"牌杨梅在全国率先开通杨梅高铁和温州机场运输绿色通道销往南京、杭州、北京、哈尔滨等国内大中城市及西班牙、意大利、新加坡等国家。产品获"浙江农业吉尼斯杨梅擂台赛""'东魁'杨梅一等奖、"丽水十佳杨梅""青田十佳杨梅"等荣誉称号。先后被评为浙江省杨梅设施避雨栽培示范基地、全省杨梅全产业链"一品一策"安全风险管控示范基地、浙江省种植业"五园创建"精品果园省级示范基地。

缙云县项帅家庭农场

基地地址：缙云县双溪口乡东里村
基地规模：6.9 hm²
种植品种：葡萄
基地简介：

图 26-1　基地全景

　　精品葡萄示范基地位于缙云县双溪口乡东里村，占地面积 6.9 hm²，主栽葡萄品种有'夏黑''阳光玫瑰''美人指''丛林玫瑰''甜蜜蓝宝石'等，年产精品葡萄 150 t，年产值 200 余万元。基地在全市率先采用连栋钢架大棚设施栽培技术，建成钢架大棚 2.7 万 m²、钢管避雨棚 4.17 万 m²、智能化摇膜机及相关配套设施。

　　生产的"杰帅牌"葡萄品质优异，2018 年通过了绿色食品认证，3 次荣获"浙江省精品葡萄评比优质奖"及"2016 丽水市十佳精品葡萄"。

　　基地负责人项帅为缙云县政协委员、缙云县葡萄产业协会会

图 26-2　阳光玫瑰葡萄基地

图 26-3　阳光玫瑰葡萄挂果状

长，从事葡萄种植 27 年，具有丰富的生产管理经验和较强的科技创新能力，其研发的葡萄隔株嫁接高接换种技术获得成功，并在全市范围推广，成为发展效益农业的"排头兵"。先后被评为浙江省现代农业科技示范基地、浙江省种植业"五大"主推技术示范点、浙江省院地合作示范基地、浙江省种植业"五园创建"精品果园省级示范基地。

缙云县仁岸杨梅专业合作社

基地地址：缙云县舒洪镇仁岸村
基地规模：33.3 hm²
种植品种：杨梅
基地简介：

图 27-1　基地全景

　　精品杨梅示范基地位于缙云县舒洪镇仁岸村，种植面积
33.3 hm²，主栽品种为'东魁'杨梅。基地全面推广杨梅矮化栽培、
设施单体网室栽培、疏果控产提质、配方施肥、病虫害绿色防控等
标准化生产技术，生产的"仙仁牌"东魁杨梅个大、味甜，品质好，
2017年通过了无公害农产品认证，2008年和2012年两次荣获"浙江
省农业吉尼斯杨梅擂台赛"擂主及"2020年丽水市十佳杨梅"。

图 27 - 2　网室避雨栽培基地

　　合作社建有杨梅交易市场和大型杨梅保鲜冷库，采用分级选果、果实预冷、真空包装、贮运温度控制等措施，实现了杨梅采后冷链分级包装销售。

图 27 - 3　待包装东魁杨梅鲜果

同时，依托顺丰快递，按照"互联网＋""定点直发""采梅即发"等销售模式，日销售量达6 000多单，仁岸杨梅成为了"网红"杨梅，仁岸村被评为全国"一村一品"示范村，有浙江"最甜杨梅村"之美誉。

图27-4　杨梅王评比

先后被评为浙江省农业科学院乡村振兴质量兴农科技示范基地、浙江省农业农村厅杨梅绿色发展先行示范区示范基地、浙江省种植业"五园创建"精品果园省级示范基地、丽水市现代农业标准化推广示范基地。

缙云浙大科技农业示范基地有限公司

基地地址： 缙云县仙都黄龙风景区
基地规模： 4.7 hm²
种植品种： 葡萄、桃、猕猴桃、草莓等
基地简介：

图 28-1　基地全景

　　精品果园示范基地位于黄龙国家 4A 风景旅游区内，种植面积 4.7 hm²，种植的水果品种有葡萄、桃、猕猴桃、草莓等 10 余种，年产各类水果 100 t，年产值 350 万元，是名符其实的"四季采摘"果园。

　　基地全面采用大棚设施栽培技术和肥水一体化技术，其中连栋钢架大棚栽培面积 1.3 hm²、钢架避雨棚栽培面积 3.3 hm²，并从日本引进先进的高架无土栽培设施和技术，同时，基地内安装了全

图 28 - 2　草莓架式栽培

程数字化监控系统，对果蔬产品种植实行智能化管理，生产的"黄龙农庄牌"果蔬产品通过了绿色食品认证，实现了生产生态化、技术现代化、管理科学化、果品绿色化。

图 28 - 3　游客采摘水果

在基地建设的基础上，公司投巨资建成以精品水果种植为主打产业，以赏花、尝果、垂钓、露营、特色餐饮住宿为主题的现代农业生态观光园——黄龙农庄。先后被评为全国休闲观光农业五星级企业、浙江省高效生态农业示范园、浙江省休闲观光农业示范园区、浙江省种植业"五园创建"精品果园省级示范基地、缙云县青少年素质教育基地。

遂昌百丈坑家庭农场

基地地址： 遂昌县三仁畲族乡坑口村
基地规模： 8.5 hm²
种植品种： 葡萄、猕猴桃和火龙果等
基地简介：

图 29 - 1　基地一角

　　精品果园示范基地建于 2014 年，位于遂昌县三仁畲族乡坑口村，交通便捷，环境优美。基地面积 8.5 hm²，种植的水果品种有葡萄、猕猴桃、火龙果、油桃、蓝莓、桑葚等，其中葡萄品种有'阳光玫瑰''夏黑''金手指''黄蜜''甬优'等。基地内避雨大棚、道路、生产管理房、冷库、节水灌溉等设施齐全。

图 29 - 2　火龙果

　　基地推广生态种养结合、农作物秸秆资源化利用等生态循环发展模式，重视果品质量安全，基地生产档案完整规范，生产全程可追溯。产品通过了无公害农产品认证，"百丈坑"牌火龙果荣获2017年浙江精品果蔬展销会金奖。

图 29 - 3　夏黑葡萄

图 29 - 4　游客采摘水果

　　在精品果园建设的基础上，农场大胆探索农业与乡村旅游的深度融合，全力打造集水果种植、生态旅游、科普研学、特色餐饮住宿于一体的休闲观光采摘基地，依托采摘游吸引省内外游客，农产品溢价率达到 25％，取得了较好的经济效益，带动了当地休闲观光农业的发展。先后被评为浙江省生态循环农业示范基地、浙江省果蔬采摘旅游基地、丽水市十佳精品果园、浙江省示范性家庭农场、浙江省种植业"五园创建"精品果园省级示范基地。

庆元县外婆家水果专业合作社

基地地址： 庆元县竹口镇新窑村

基地规模： 39.7 hm²

种植品种： 柑橘（'甜橘柚'）

基地简介：

图 30-1　精品'甜橘柚'示范基地

　　精品'甜橘柚'示范基地建于 2002 年，种植面积 39.7 hm²，位于庆元县竹口镇新窑村庆元县现代农业（水干果）示范园区内，地理位置优越，交通便捷，土壤深厚肥沃，生态环境良好，拥有生产优质甜橘柚得天独厚的气候环境和土壤条件，基地内机耕路、喷灌设备、水电、生产管理用房等基础设施完善，并配套建有甜橘柚产品体验馆、实训教室等硬件设施。年产甜橘柚果品 500 t，年产值 800 万元。

图 30 - 2　基地负责人杨宽英

　　基地生产的"外婆村牌"甜橘柚品质优异，通过了绿色食品认证和中国良好农业规范（GAP）认证，并成功入选全国名特优新农产品目录和庆元县旅游地商品，先后荣获浙江农业博览会金奖、丽水市优质柑橘评比二等奖，"外婆村"商标被评为丽水市著名商标。

图 30 - 3　果品分级包装

　　同时，成功开发甜橘柚蜂蜜茶产品，创作、录制"柚到外婆家歌曲"MV，全力打造集水果生产、农事体验、科普教育、休闲采摘为一体的农业观光园，把"外婆村"甜橘柚系列产品做得有声有色，有效带动了当地农村经济发展，为乡村振兴注入了活力。2019年被评为浙江省种植业"五园创建"精品果园省级示范基地。

庆元县志东果业有限公司

基地地址： 庆元县松源街道牛路洋村
基地规模： 40 hm²
种植品种： 柑橘（'甜橘柚'）
基地简介：

图 31-1 '甜橘柚'基地全景

1998 年，公司负责人朱志东引进甜橘柚品种进行试种获得成功，并在庆元县松源街道牛路洋村建成甜橘柚示范基地 40 hm²。该基地坡度平缓，土质肥沃，三面环山，背靠巾子峰生态公园脚下，森林覆盖率 95％以上，空气清新，气候宜人，昼夜温差大，是生产绿色果品的优良区域。基地年产甜橘柚果品 1 000 t，年产值 800 万元，年利润 500 万元，投产基地每 667 m² 产量达到 3 000 kg，产值 3 万元，辐射带动周边 400 余农户发展甜橘柚 666.7 hm²。

图 31-2　智能化选果机

　　基地生产的"志东牌"甜橘柚通过了绿色食品和浙江省森林食品认证，被评为浙江省名牌农产品，先后荣获 2002 年中国（浙江）柑橘博览会金奖，2004 年、2006 年中国特色农业博览会金奖，2004—2018 年 11 次获浙江农业博览会金奖，2015 年获最具影响力浙江农博会品牌农产品奖，2017 年获"浙江省十佳柑橘"。2018 年被评为浙江省种植业"五园创建"精品果园省级示范基地。

图 31-3　基地负责人朱志东

　　目前，庆元甜橘柚已成为继香菇后的一大农业品牌，享誉省内外。

庆元县枫树垄家庭农场

基地地址: 庆元县竹口镇黄坛村
基地规模: 22 hm²
种植品种: 柑橘('甜橘柚')
基地简介:

图 32-1 '甜橘柚'基地

　　庆元县枫树垄家庭农场成立于 2014 年,位于庆元县现代农业(水干果)示范园区内,是一家专业从事水果种植、种苗繁育的省级示范性家庭农场、农村科技示范户。2009 年以来,农场在庆元县竹口镇黄坛村建成甜橘柚示范基地 22 hm²,该基地交通便捷、土壤深厚肥沃,具有种植甜橘柚得天独厚的气候和土壤条件,是一

个集农业生产、农事体验、科普教育、试验示范为一体的农业科技
示范基地。

图 32 - 2　单轨运输轨道

　　基地全面推广应用山地果园肥水一体化滴灌设施和轨道运输车
等省力化栽培技术，效益明显提高。同时，开展了山地果园以草防
草草种筛选及配套栽培技术试验，示范推广果园种植鼠茅草以草防
草新技术及绿肥改良土壤新技术，通过果园种草来抑制杂草生长，
改善土壤结构，既安全有效又降低生产成本，减少了果园的化肥、
农药使用量，保护了生态环境，提高了果品品质。

　　农场注册有"绿谷康益"和"黄坛农耕"商标，2018 年，'甜
橘柚'产品通过绿色食品认证，2020 年被评为浙江省种植业"五
园创建"精品果园省级示范基地。

图 32 - 3　果园套种鼠茅草

庆元县森龙菌蔬果业有限公司

基地地址： 庆元县松源街道薰山下村
基地规模： 36.7 hm^2
种植品种： 柑橘（'甜橘柚'）
基地简介：

图 33-1 '甜橘柚'基地

公司成立于 1997 年 8 月，是庆元县最早从事甜橘柚种植的农业主体之一。2002 年，公司在庆元县松源街道薰山下村建成甜橘柚示范基地 36.7 hm^2，年产甜橘柚果品 750 t，年产值 850 万元。该基地交通便捷、土壤深厚肥沃，拥有生产精品甜橘柚得天独厚的气候和土壤条件，生产的"鲜润"牌甜橘柚品质优异，深受消费者青睐。

图 33-2 '甜橘柚'盛产园

　　近年来，示范基地大力推广应用有机肥、果实套袋、喷灌设施、设施避雨完熟栽培、物理杀虫等甜橘柚精品化高效栽培技术，提高了果实品质，基地的精品果率和经济效益显著提高。

图 33-3 "鲜润牌"甜橘柚

产品通过了绿色食品和浙江省森林食品认证，被评为丽水市名牌产品，先后荣获中国果菜产业明星企业奖、中国果菜产业十大驰名品牌、丽水市重点农业龙头企业、浙江省蔬果食品行业十佳优秀企业、丽水市生态精品现代农业示范企业和生态精品农产品等荣誉称号。2020年被评为浙江省种植业"五园创建"精品果园省级示范基地。

景宁畲家桃源葡萄专业合作社

基地地址： 景宁畲族自治县东坑镇桃源村
基地规模： 6.7 hm²
种植品种： 葡萄（'阳光玫瑰''比昂扣''巨玫瑰''醉金香'）
基地简介：

图 34-1　精品葡萄观光园

　　景宁畲家桃源葡萄专业合作社成立于 2013 年 1 月，注册资金 200 万元，占地面积 6.7 hm²。精品葡萄基地坐落于风景秀丽、空气清新、畲族风情浓厚的景宁县东坑镇桃源村，距县城 26 km，是大漈国家级 4A 景区的必经之路。园内主要种植'阳光玫瑰''巨玫瑰''醉金香''夏黑''红地球''比昂扣''甬优 1 号''金手指'等优良品种。

图 34-2 '比昂扣'葡萄

园内道路平整规范，供水、排水、供电设施一应俱全，设施化、钢架大棚、高科技透明膜全覆盖，通风良好、光照充足，同时全面推广避雨、保温、遮阴等设施栽培技术和滴灌技术。2020 年，基地葡萄实现产值 311 万元，利润 161 万元，带动农户增收 100 余万元，带动农户 36 户。

产品注册商标为"东门祥"，列入"丽水山耕"区域公用品牌，并通过了无公害农产品认证。2015 年被评为浙江省精品果蔬展销会"杭州市民最喜爱的鲜食果蔬"，2017 年被评为浙江省消费者满意单位，2017 年被评为丽水市生态精品现代农业"生态精品农产品"，雷李青社长获"丽水市中级农作师"荣誉称号，2020 年被评为浙江省种植业"五园创建"精品果园省级示范基地。

图 34 - 3　桃源水果沟亲水节

云和县一清农产品专业合作社

基地地址：云和县安溪乡黄处村木樨花自然村
基地规模：26.7 hm²
种植品种：梨
基地简介：

图 35-1　基地全景

　　精品雪梨示范基地建于 2013 年，面积 26.7 hm²，主栽梨品种有'云和老雪梨''翠冠''秋月'等。基地位于云和县安溪乡黄处村木樨花自然村，距县城 7 km，海拔 620 m，这里山峦叠嶂，林木茂盛，溪流密布，空气清新，有"天然氧吧"之称，具有生产绿色果品得天独厚的自然条件。花开时节，梨园漫山飘白，绿叶争翠，暗香悠远，惹人陶醉。而梨果成熟时节，满园金果挂满枝头，颗颗饱满、色泽鲜嫩，品之梨汁香甜、口感松脆。每年来基地登山赏花、入园品梨、批量收购的人络绎不绝。

图 35-2　果实套袋

　　基地内道路、管理房、果品分级包装、灌溉等基础设施完善。生产过程全面推广物理杀虫、冬季清园、果实套袋、配方施肥、有机肥深施、人工除草等绿色防控（化肥减量）技术，病虫为害损失率控制在 5% 以内，每季作物施用化肥总量控制在每 667 m² 40 kg，其中氮肥用量控制在每 667 m² 16 kg。合作社有专业的果品销售团队，果品高端礼盒包装年销售量达 3.5 万盒，其中线上销售 5 500 余盒，年销售额 250 余万元。

　　基地生产的"耘禾山耕"牌翠冠梨获 2019 年浙江省十佳梨，先后荣获浙江省现代农业科技示范基地、浙江省民办农技推广平台、浙江省农科院院地合作科技示范基地、丽水市"对标欧盟·肥药双控"示范基地、浙江省种植业"五园创建"精品果园省级示范基地。

图 35 - 3　云和细花雪梨

松阳县一品鲜家庭农场

基地地址： 松阳县水南街道竹溪村东岗
基地规模： 10 hm²
种植品种： 葡萄、柑橘、枇杷、桑葚、火龙果、樱桃
基地简介：

图 36-1　基地全景

精品水果示范基地始建于 2010 年，面积 10 hm²，位于松阳县水南街道竹溪村东岗，距离龙（游）丽（水）高速公路松阳出口 1.2 km。主栽品种有葡萄、柑橘、枇杷等，其中葡萄 7.1 hm²，全部采用设施避雨栽培，品种有'醉金香''夏黑''阳光玫瑰''金手指''美人指''比昂扣'等，'红美人'柑橘 0.3 hm²、特早熟温州蜜柑 0.3 hm²，枇杷 1.4 hm²，桑葚 0.5 hm²，火龙果 0.2 hm²，中华樱桃 0.2 hm²。基地内道路、生产管理用房、果品分级包装车间、灌溉等基础设施完善。

图 36-2　游客采摘

　　基地生产过程全面应用物理杀虫、冬季清园、配方施肥、葡萄修剪枝粉碎堆沤回田循环利用、人工除草等绿色防控（化肥减量）技术，示范推广智能化水肥一体化灌溉技术，通过葡萄园安装智能

图 36-3　举办葡萄采摘节活动

化物联网设备、水肥一体化管理系统等，实现科学精准灌溉、节水减肥、增产增效。基地生产的果品品质优异，2013 年通过了无公害农产品认证。

同时，农场利用交通便捷的区位优势，配套开发农家乐餐饮、休闲娱乐等项目，全力打造集果品休闲采摘、特色餐饮、休闲钓鱼等为一体的休闲性家庭农场，先后被评为浙江省示范性家庭农场、浙江省种植业"五园创建"精品果园省级示范基地。

地标产品篇

云 和 雪 梨

云和雪梨是云和县传统名果，至今已有560多年栽培历史，自明景泰三年（1452年）建县以来，历代县志物产卷和《浙江通志》《中国实业志》《浙江经济年鉴》都有记载。1961年，由浙江农业大学主编、人民出版社出版的《果树栽培学》，"云和雪梨"被列其中。

图 37-1　百年老梨树

云和雪梨何时引入，已无可考。作为经济特产大量种植却是在辛亥革命前后，清光绪三十年（1904年），光复会领导人之一的魏兰先生提倡实业救国，开始在云和木路大炉山种植雪梨千余株，同时从日本回来的许学彬先生也在五霞岭广种雪梨。在他们的影响下，云和城乡兴起了种植雪梨的热潮。据史料记载，民国36年（1947年），云和雪梨产量达18 400担，成为当时农民收入的主要来源。

图 37-2　云和老雪梨

　　云和县地处浙西南山区、丽水市中部，这里气候温暖湿润，雨量充沛，空气清新，森林覆盖率达 81.5%。优越的生态环境，良好的气候和土壤条件，孕育了高品质的云和雪梨。云和雪梨以果大皮薄、肉质脆嫩、汁液丰富、香甜可口、适于贮运而闻名遐迩，是

图 37-3　游客赏花摄影

老少皆宜的保健果品，深受民众喜爱。民国 4 年（1915 年），"云和雪梨酒"曾获巴拿马国际博览会铜质奖。"丽水味道"上获奖的"云和雪梨糕"清甜开胃，"冰糖炖雪梨"是人见人爱的甜品，"云和雪梨膏"更是润肺清燥、止咳化痰的保健药。

云和雪梨的发展，曾走过一段兴衰而曲折的历程。在特殊的年代里，由于实行"以粮为纲"，大批梨树成了"资本主义尾巴"被割除。20 世纪 90 年代初，云和县开始挖掘云和雪梨这一地方名果，不断推广先进种植技术、改良雪梨品种，建成苏坑村 66.7 hm² 老雪梨示范基地，并引进翠冠、清香等优良早熟梨品种进行推广种植，建成了重河湾省级 666.7 hm² 现代农业示范园区和安溪上村、云坛沈岸等一批雪梨生产科技示范基地，被中国果品流通协会授予"中国优质雪梨重点县"。发展至今，全县雪梨种植面积达 800 hm²，其中投产面积 466.7 hm²，从事雪梨种植的果农 320 户，年产云和雪梨 0.455 万 t，年产值 0.488 亿元，成为当地农民脱贫奔小康的"致富果"。

图 37-4　举办雪梨文化节

云和雪梨曾两度被中国果品流通协会评为"中华名果"，迄今共获国家级金奖 3 个、省级金奖 23 个，2016 年 4 月，云和雪梨通过了"国家农产品地理标志保护产品"认证，产品畅销以杭州、温州、上海、福州为中心的华东地区。2006 年以来，为弘扬云和雪梨传统文化，云和县先后举办了云和雪梨节、云和雪梨展示会、云和雪梨品鉴会、梨王争霸赛等系列主题活动，进一步提升了云和雪梨的知名度，促进了云和雪梨产业的持续发展。

丽　水　枇　杷

　　丽水枇杷是丽水市莲都区传统特色名果，至今已有 500 多年栽培历史。据《丽水地区志·农业·农副产品》记载："处州枇杷明成化二十二年（1486 年），丽水县已产枇杷……主要品种有红种、黄种、白肉种等"。清道光二十六年（1846 年）《丽水县志》物产篇内列"枇杷"两字，当时枇杷已成为丽水县主要特产水果。民国 28 年（1939 年），丽水县小木溪、大门楼、下呑等地已成片种植枇杷。1980 年丽水县小木溪 9 号枇杷被评为浙江省优良单株第一名。1985 年丽水县下呑村'太平小树 10 号''太平大树 9 号'和'太平白'分别获浙江省枇杷评比一、二、三名，这些品种及'太平小树 1 号''丽水早红'5 个品种均被收录到 1996 年出版的《中国果树志·龙眼枇杷卷》中。

图 38-1　丽水枇杷种质资源圃

　　丽水市莲都区位于浙江省西南部，于唐朝时设丽水县，2000 年撤县设区。这里是国家级生态示范区，独特的地理环境和气候条件为种植丽水枇杷提供了良好的自然条件。丽水枇杷盛产于莲都区的太平溪沿线和环南明湖重点产业带，以太平乡、紫金街道、碧湖镇、联城街道等乡镇（街道）为主。优越的环境条件加上农技人员的科研转化和莲都果农的勤劳智慧，形成了科学先进的栽培管理技术，造就了丽水枇杷独特的风味和优良的品质。丽水枇杷抗逆性强，成熟早，白沙类以'太平白'为代表，果面橙黄色，锈斑少，美观洁净，果肉细嫩，柔软多汁，味浓而鲜甜；红沙类以'丽水早红'为代表，果面橙红色，皮韧易剥，肉质紧实，纤维丰富，鲜爽适口。枇杷果品销往全国各地，深受人们喜爱。

图 38-2　丽水白枇杷

丽水枇杷拥有丰富的种质资源，在盛产地太平乡建有浙江省枇杷地方优株种质资源中保存树龄最长、数量最多的枇杷地方资源圃，在我国枇杷产区较为罕见，是中国枇杷资源中的一颗璀璨明星。该圃始建于 20 世纪 70 年代，优株收集缘于 1985 年浙江省农业厅经济作物局的全省枇杷优株评比，收集了当时丽水地区各县枇杷优株，'丽白'等品种因品质优、特点突出被收录到《中国果树志》中。该圃原有一棵 200 多年老树，于 2015 年枯死，老树桩存留原位；目前，存留有 1987 年种植枇杷树 84 株，包含白、红、黄不同肉色，早、中、晚不同熟期，长圆、圆形、钟形、梨形、卵圆形不同果型等各种类型枇杷，在该圃中可以领略丽水枇杷丰富的基因资源和悠久的栽培历史。2016 年经浙江省农业科学院园艺研究所对园内 84 株枇杷树进行分子标记鉴定，发现有 34 个不同优株遗传基础。'太平白'通过浙江省林木良种审定委员会审定，确立了丽水枇杷的品种优势。该圃还吸引了国内枇杷界大咖郑少泉研究员、蔡礼鸿教授等知名专家前来考察，得到了专家们的充分肯定。近几年，资源圃进一步收集全国各种特色枇杷资源，逐步建成一个集种质资源、科普、观光、生产于一体的枇杷博览园。

图 38-3　太平枇杷文化博览园

2010 年以来，莲都区将枇杷产业作为农业特色产业重点培育，先后出台《关于扶持枇杷产业发展的实施意见》《关于加快莲都区枇杷旅游农业产业发展的实施意见》等政策措施，极大推动了枇杷产业的提升发展。2012 年，莲都区建成丽水第一个枇杷连栋大棚

（2 036 m²），并于 2016 年改建为枇杷智能化设施大棚，这也是全市乃至全国第一个枇杷智能化设施大棚。智能化设施大棚的建设，有效解决了枇杷冻害、裂果和日灼三大问题，每 667 m² 产值达到6 万～9 万元，成为丽水枇杷精品、高效栽培技术创新的典范，国内各地纷纷前往考察学习。2020 年智能大棚扩建，2021 年在全省率先使用枇杷无损伤检测，并开展国内首个枇杷智能补光增产提质试验，数字化智能应用上走在全省前列。经过近十多年的快速发展，莲都区成功打造了以丽水市丽白枇杷产销专业合作社为龙头带动，以"丽水枇杷"区域品牌为引领，以丽水枇杷文化长廊、文化园为载体的"丽水枇杷"产业高地、文化高地和技术高地，研发了枇杷膏、枇杷花茶等系列枇杷加工产品。2016 年、2017 年浙江省科技频道和中央电视台《农广天地》栏目等媒体特别报道丽水枇杷生产致富节目。2020 年丽白枇杷产销专业合作社枇杷基地被评为浙江省种植业"五园创建"精品果园省级示范基地。

图 38-4　枇杷文化节（郑军 摄）

丽水枇杷多次在国家级、省级评比中获奖，1985 年包揽浙江省枇杷评比三个奖；2009 年在首届全国十大优质枇杷评比中获

"全国十大优质枇杷"称号，2011 年获首届浙江农业吉尼斯枇杷擂台赛三等奖，2019 年通过"国家农产品地理标志保护产品"认证。2020 年，莲都区拥有枇杷面积 566.7 hm²，产量 0.2 万 t，产值 0.38 亿元，成为浙江省枇杷主要产区。莲都区已连续十多年举办枇杷节、产销对接推介会和观光采摘活动，进一步提升了丽水枇杷的知名度、美誉度和市场竞争力。在莲都区独特的自然、人文及环境条件孕育下，丽水枇杷以其丰富的人文历史，特有的产地环境，科学的生产方式，优质的品质品牌和良好的发展前景，成为莲都区农民真正的"致富果"，为农业增效、农民增收和乡村振兴发展做出了重要贡献。

青 田 杨 梅

杨梅是青田县农业主导产业。栽培历史悠久，据清光绪《青田县志》记载：杨梅有红、紫、白三种，红胜于白，紫胜于红，产季窟寮者佳，有下坑梅、魁市梅、茶山梅、黑炭梅等传统品种，其中魁市梅成熟早，下坑梅品质最佳，享有盛名。可见，清光绪年间（1875—1908年）青田农民种植杨梅已较为普遍，并具有一定的名气。至今在小舟山、贵岙、舒桥一带百年以上树龄的杨梅老树仍零星可见。

图 39-1　青田杨梅基地

青田杨梅盛产于青田县境内瓯江、小溪、贵岙源流域附近的乡镇，这里土壤肥沃，气候适宜，雨水充沛，空气清新，海拔高差悬殊，昼夜温差大，非常适合杨梅生长。得天独厚的自然地理环境，加之青田人民科学的栽培管理技术，造就了青田杨梅色泽艳丽、汁液丰富、甜酸适口、风味浓郁等良好品质，深受人们的喜爱。通过设施栽培、不同熟期品种配套、海拔梯度开发等技术措施，成熟采摘期从 5 月下旬至 7 月中旬，全程长达 55 d 以上。

图 39-2　青田杨梅果实

　　青田杨梅不仅可口美味，也是文人巧匠手下的艺术素材，或见于文学作品，或见于石雕，或见于风筝，或见于摄影，甚至连小学生的作文，也常常有甜滋滋的杨梅味。中国作家协会常务副会长高洪波先生品尝了青田杨梅酒，即兴赋诗盛赞："杨梅枝头日，古瓯酿春时。一饮三击掌，美酒催新诗"。青田杨梅那甜中带酸的滋味，更成为青田游子魂牵梦绕家乡的滋味，《家乡的水果》《最惹乡思是杨梅》《思乡六部曲之梦中的杨梅》……寄托着游子们浓浓的思乡之情。

图 39-3　杨梅设施避雨栽培示范基地

山区特色水果高质高效栽培技术

20世纪80年代以来，青田县将杨梅列为农业主导产业重点培育，推广种植东魁杨梅、荸荠种杨梅等优良品种，出台了《关于加快杨梅产业化发展的实施意见》，提出发展6 666.7 hm² 优质杨梅基地的目标，杨梅产业得到快速发展。1997年，时任浙江省委书记张德江同志多次到青田视察，对青田县杨梅产业的发展给予了充分的肯定。2020年，全县杨梅种植面积达7 466.7 hm²，其中投产面积5 866.7 hm²，产量4.74万t，产值4.17亿元。全县已形成瓯江流域带、小溪流域带、高山地带和滩坑库区"三带一区"杨梅产业布局，培育杨梅专业村15个、专业大户1 280户，合作社、家庭农场及农业企业235家，相关产业从事人员达8万人。先后被评为"中国杨梅之乡""全国杨梅标准化示范县""全国杨梅绿色优质高效示范县""全国杨梅病虫害绿色防控示范县"。

图39-4 梅农采收杨梅

青田杨梅凭借优异的品质，在各类农产品比拼中脱颖而出，获得"全国十大精品杨梅金奖""中国国际农业博览会名牌产品""全国名特优新农产品""浙江省农业博览会金奖""浙江省十大精品杨

梅""浙江省名牌农产品""浙江农业之最杨梅擂台赛东魁杨梅综合
品质一等奖"等多项殊荣。2018 年 9 月，青田杨梅通过了"国家
农产品地理标志保护产品"认证。

图 39 - 5　杨梅擂台赛

　　青田县已连续 19 年举办杨梅开摘节、摄影大赛、优质杨梅评
比等杨梅节系列活动。自 2000 年起连续在温州、杭州、南京、西
班牙等地举办杨梅推荐会，积极开拓市场，打响青田杨梅品牌。杨
梅销售方式实现从线下到线上，从国内到国外，由一产带动三产，
全国率先开通杨梅高铁和温州机场运输绿色通道，实现青田杨梅当
天新鲜运达至南京、杭州、北京、哈尔滨等 19 个大中城市，获出
口备案基地 5 个，产品远销西班牙、意大利、新加坡等国际大
都市。

庆 元 甜 橘 柚

庆元柑橘栽培历史悠久，至今已有两百余年，《雍正处州府志》记载："物产 庆元县 果类 柑 橘 橙 金豆等"。庆元柑橘品质优异，20 世纪 80 年代，庆元余村蜜橘曾获农业部优质柑橘评比金奖，1996 年出版的《庆元县志》记载："源远流长的三江之水，滋润着全国质量评比独占鳌头的庆元柑橘"。

图 40-1　甜橘柚基地

1998 年，庆元县引种日本柑橘品种甜春橘柚获得成功，经过科研人员的潜心研究，选育出芽变的无籽甜橘柚品种，并通过了省级新品种审定，在全省推广种植。2001 年，中国书法家协会副会长朱关田先生品尝了庆元甜橘柚，即兴提笔挥毫写下"庆元甜橘柚"五个大字。庆元游子以"庆元甜橘柚"为题材，创作了《柚到外婆家》等歌谣，以寄托浓浓的思乡之情。2004 年，时任浙江省委书记习近平同志在巡视省农博会庆元馆时详细了解庆元甜橘柚产业的发展情况，并指示要把庆元甜橘柚这一特色产品做大做强，成为富民产业。

图 40 - 2　甜橘柚果实

　　庆元甜橘柚盛产于瓯江、闽江和赛江的发源地——庆元县境内，这里山岭叠嶂，溪流密布，林木茂盛，空气清新，森林覆盖率高达 86.7%，是名副其实的"中国生态环境第一县"。好山好水出好橘，得天独厚的自然地理环境，良好的气候与土壤条件，非常适合甜橘柚生长，造就了庆元甜橘柚外观漂亮、质地柔软多汁、甜爽适口、清香浓郁等优良品质，备受人们好评。

图 40 - 3　果农采收甜橘柚

山区特色水果高质高效栽培技术

庆元甜橘柚从无到有，从小到大，从藉藉无名到声名远播、畅销国内……20 余年的坎坷发展历程，让庆元甜橘柚成为浙江果业一颗冉冉升起的"新星"。2020 年，全县甜橘柚种植面积达 1 020 hm²，产量 1.21 万 t，产值 1.46 亿元，成为全国最大的甜橘柚产区。

图 40 - 4　果品分级包装

近年来，庆元县依托独特的气候环境和生态优势，致力于打造乡村振兴新引擎，通过政策＋科技＋品牌＋农旅，探索甜橘柚产业融合发展新模式，培育了庆元县志东果业有限公司、庆元县森龙菌蔬果业有限公司、庆元县外婆家水果专业合作社、庆元县齐圣水干果专业合作社等 30 多家规模生产主体，实现了产业富民强县。先后被评为"中国优质果园""全国名特优新农产品"，产品多次荣获"中国绿色食品金奖""中国柑橘博览会金奖""浙江农业博览会金奖""浙江省十佳柑橘"。2018 年 12 月，庆元甜橘柚通过了"国家农产品地理标志保护产品"认证。

参 考 文 献

鲍金平，郑子洪，吴学平，等，2020. 猕猴桃栽培技术与病虫害防治图谱 [M]. 北京：中国农业科学技术出版社.

陈吴海，李淑鹏，崔莹莹，等，2019. 老龄桃园更新改造技术 [J]. 果农之友 (11)：6-7，12.

龚家建，王锋堂，马亚龙，等，2021. 南方果茶园生草栽培草种研究进展 [J]. 农学学报，11 (6)：52-58.

黄新助，黄少平，吕绿营，等，2010. 嵊县桃形李优质丰产栽培技术 [J]. 中国果树 (6)：51-52.

姜丽英，徐法三，黄振东，等，2012. 柑橘黑点病的发病规律和防治 [J]. 浙江农业学报 (4)：647-653.

黎德荣，2006. 李树裂果的原因分析及综合防治措施 [J]. 广西热带农业 (2)：10-11.

李梅，郑小艳，2015. 云和雪梨种质资源和栽培技术 [J]. 中国南方果树 (4)：122-124.

刘本同，秦玉川，王衍彬，等，2019. 鼠茅间作对桃形李林地水土保持、土壤理化性质及果实品质的影响 [J]. 安徽农业科学，47 (14)：163-166.

刘正兰，2019. 忠县地区光叶紫花苕绿肥种植效果分析 [J]. 南方农业，13 (s1)：53-54，61.

莫钦勇，2014. 老龄枇杷嫁接换种技术 [J]. 中国园艺文摘 (6)：195-196.

沈英隆，赵宝明，2015. 老桃园更新改造技术规程 [J]. 上海农业科技 (2)：80，123.

王开荣，王利芬，蔡平，等，2009. 翠冠梨棚架早期丰产优质栽培技术 [J]. 北方园艺 (3)：153-155.

王文波，朱永淡，郑稼祥，2010. 桃形李避雨栽培技术 [J]. 绿色科技 (12)：39-40.

魏秀章，周晓音，程泽敏，2013. 浙江云和雪梨栽培技术要点 [J]. 果树实用技术与信息（3）：12-13.

吴世权，何仕松，闫书贵，等，2014. 红阳猕猴桃［M］. 北京：中国农业科学技术出版社.

张斌，李伟龙，吴群，等，2020. 氟啶胺防治柑橘黑点病效果评价［J］. 植物保护，46（1）：279-284.

张林军，肖志伟，石媛，等，2017. 高位嫁接"金魁"猕猴桃试验［J］. 中国南方果树，46（4）：129-130，135.

张绍铃，伍涛，2010. 我国棚架梨生产现状与栽培技术探讨［J］. 中国南方果树，39（005）：82-84.

周晓音，郑仕华，李国斌，等，2011. 丽水枇杷优良单株选育初报［J］. 浙江农业科学（1）：44-46.